# 和秋叶一起学

# 秒懂 Excel

秋叶　陈文登 ◎ 编著

U0333723

人民邮电出版社

北　京

**图书在版编目（C I P）数据**

和秋叶一起学 ：秒懂Excel ／ 秋叶，陈文登编著
. -- 北京 ：人民邮电出版社，2021.6（2021.6重印）
ISBN 978-7-115-56440-5

Ⅰ．①和… Ⅱ．①秋… ②陈… Ⅲ．①表处理软件
Ⅳ．①TP391.13

中国版本图书馆CIP数据核字(2021)第078014号

## 内 容 提 要

  如何从 Excel 新手成长为 Excel 高手，快速解决职场中各种各样的数据处理与分析难题，就是本书所要讲述的内容。

  本书收录了生活和工作场景中的 109 个实用 Excel 技巧，涵盖了从数据录入、数据整理、统计分析，到图表呈现等内容，可以帮助读者结合实际应用，高效使用软件，快速解决工作中遇到的问题。书中的每个技巧都配有清晰的使用场景说明、详细的图文操作说明以及配套练习文件与动画演示，以方便读者快速理解并掌握所学的知识。

  本书充分考虑初学者的知识水平，语言通俗易懂，内容从易到难，能让初学者轻松理解各个知识点，快速掌握职场必备技能。本书案例大部分来源于真实职场。职场新人系统地阅读本书，可以节约大量在网上搜索答案的时间，提高工作效率。

◆ 编 著 秋 叶 陈文登
  责任编辑 马雪伶
  责任印制 王 郁 彭志环

◆ 人民邮电出版社出版发行   北京市丰台区成寿寺路 11 号
  邮编 100164   电子邮件 315@ptpress.com.cn
  网址 https://www.ptpress.com.cn
  大厂回族自治县聚鑫印刷有限责任公司印刷

◆ 开本：880×1230 1/32
  印张：5.75        2021 年 6 月第 1 版
  字数：209 千字       2021 年 6 月河北第 2 次印刷

定价：39.90 元

读者服务热线：**(010)81055410**   印装质量热线：**(010)81055316**
反盗版热线：**(010)81055315**
广告经营许可证：京东市监广登字 20170147 号

目 录
CONTENTS

▷▷ **第 8 章　函数公式计算**

▷▷ **第 9 章　日期时间计算**

# 和秋叶一起学 秒懂Excel

## ▶▶ 绪　论 ◀◀

　　这是一本适合"碎片化"阅读的职场技能图书。

　　市面上大多数的职场类书籍，内容偏学术化，不太适合职场新人"碎片化"阅读。对于急需提高职场技能的职场新人而言，并没有很多的"整块"时间去阅读、思考、记笔记，更需要的是可以随用随翻、快速查阅的"字典型"技能类书籍。

　　为了满足职场新人的办公需求，我们编写了本书，对职场人关心的痛点问题一一解答。希望能让读者无须投入过多的时间去思考、理解，翻开书就可以快速查阅，及时解决工作中遇到的问题，真正做到"秒懂"。

本书具有"开本小、内容新、效果好"的特点，围绕"让工作变得轻松高效"这一目标，介绍职场新人需要掌握的"刚需"内容。本书在提供解决方案的同时还做到了全面体现软件的主要功能和技巧，让读者看完一节就有一节内容的收获。

因此，本书在撰写时遵循以下两个原则。

（1）内容实用。为了保证内容的实用性，书中所列的每一个技巧都来源于真实的需求场景，书中汇集了职场新人最为关心的问题。同时，为了让本书更实用，我们还查阅了抖音、快手上的各种热点技巧，并尽量收录。

（2）查阅方便。为了方便读者查阅，我们将收录的技巧分类整理，并以一条条知识点的形式体现在目录中，读者在看到标题的一瞬间就知道对应的知识点可以解决什么问题。

我们希望这本书能够满足读者的"碎片化"阅读需求，能够帮助读者及时解决工作中遇到的问题。

做一套图书就是打磨一套好的产品。希望秋叶系列图书能得到读者发自内心的喜爱及口碑推荐。

我们将精益求精，与读者一起进步。

最后，我们还为读者准备了一份惊喜！

用微信扫描下方二维码，关注公众号并回复"秒懂1"，可以免费领取我们为本书读者量身定制的超值大礼包，包含：

103 个配套操作视频
36 套实战练习案例文件
150 多套各行业表格模板
60 多套精美可视化图表模板
100 套人力资源管理表格模板

还等什么，赶快扫码领取吧！

# 和秋叶一起学 秒懂 Excel

## ▶▶ 第 1 章 ◀◀
## Excel 软件基础

Excel 是一款既简单又复杂的软件。

"简单"是因为我们每天都在用 Excel，从简单的填写登记表、考勤表，到分析复杂的业务数据，对 Excel 的功能已经很熟悉了，所以感觉很简单。

"复杂"是因为 Excel 的功能太多了，我们常用的功能只是 Excel 的"冰山一角"，有时一个陌生的小问题，都可能困扰我们很长的时间。

本章会带你重新认识 Excel，看看 Excel 的哪些功能或用法是你所不知道的。

# 1.1 你真的会做表吗

你当然会！只是不同水平的人，对"表"的认知有差异而已。

初级 Excel 应用水平的人做表，通常是用来打印的，如报表、签到表、登记表、台账表。

中级 Excel 应用水平的人做表，会加入一些函数公式，让表格可以自动统计、汇总数据，提高工作效率。

高级 Excel 应用水平的人做表，会用到图表、条件格式等高级用法，表格可以更直观、更清晰地展现数据重点。

接下来，我们来看一下高手做的表格，揭秘更多自己的未知。

## 01 自动更新的项目进度管理表

在表格中记录各个项目，并标注出项目的"开始时间""结束时间"，这是初级水平的做法。

| ▲ | A | B | C |
|---|---|---|---|
| 1 | 项目核准备案立项 | 开始时间 | 结束时间 |
| 2 | 宗地图确认 | 2018/1/1 | 2018/1/6 |
| 3 | 土地证换证 | 2018/1/6 | 2018/1/16 |
| 4 | 规划设计条件 | 2018/1/16 | 2018/1/21 |
| 5 | 企业名称核准 | 2018/1/21 | 2018/1/26 |
| 6 | 建设用地规划许可证 | 2018/1/26 | 2018/1/30 |
| 7 | 项目核准备案立项 | 2018/1/30 | 2018/2/6 |
| 8 | 工程报建 | 2018/2/6 | 2018/2/11 |
| 9 | 总平方案内部确定 | 2018/2/11 | 2018/2/15 |
| 10 | 总平方案内部确定 | 2018/2/15 | 2018/2/22 |
| 11 | 总平方案沟通 | 2018/2/22 | 2018/2/27 |

高级水平的人这样做。使用简单的函数公式，输入项目周期，自动地计算下一个项目的开始时间、结束时间。

再使用条件格式功能，把项目的周期在日历表中标记出来，起到实时提醒的作用。

高级水平的人不仅要做出表格，还会用下面的技巧，让表格"自动"起来。

- 用公式自动计算，减少手动工作量。
- 用样式自动标记，解放大脑记忆量。

（此处为带有"输入周期""自动计算时间""自动标记周期"标注的表格示意图）

# 02 自动提醒的日期计划表

制作计划表，统计每天的相关数据，如 HR 做考勤表，企业做生产计划表，是工作中常有的需求。

每个月手动修改日期、手动标注周末日期，这是初级水平的做法。

高级水平的人这样做。结合函数公式和条件格式，让表头的日期自动更新，周末的日期自动填充颜色进行标记，销量超过 100 的数据自动标记为绿色，重点更加明显。

（此处为"手动更新表头"与"动态更新表头""超目标自动标记"的两个计划表对比示意图）

Excel 高级的用法就是用来自动计算、设置智能提醒等，通过表格提升办公效率，所以你还要学会：

- 使用函数公式完成动态统计；
- 使用条件格式动态标记样式。

# 03 再复杂的数据也能轻松统计

年终数据盘点，按照季度、月份统计销量趋势，按照产品统计销售占比，按照地区对比各大区销售差异……统计需求多得让人头疼。

比如下图所示的表格中，要统计每个月的"销量"总和。

每次统计数据，都要先筛选数据，然后再求和，最后填到表格里，这是初级水平的人统计数据的方式。

又或者，为了解决问题，去网上搜索出了一个复杂的公式，看也看不懂，改也不会改，时间却没少花。

=SUMPRODUCT((MONTH($A$2:$A$1000)=L2)*$E$2:$E$1000)

其实只要掌握了数据透视表功能，轻松拖曳鼠标，就能快速完成数据统计分析。

无论是季度统计还是月度统计，用鼠标拖曳一下字段，都能轻松完成。

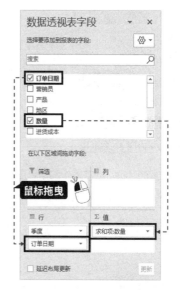

# 04 展现能力的数据图表

表格里的数据密密麻麻，汇报的时候找不到思路，被领导吐槽不直观。

用了一上午时间做出来的图表，领导看了一眼，就嫌太丑太乱。

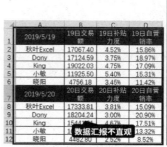

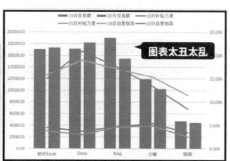

初级 Excel 应用水平的人，眼里只有数字，汇报时只是简单地把数字换成图表中的柱子。

高级 Excel 应用水平的人，能够发现数据背后隐藏的信息，梳理内容逻辑，对数据重新汇总统计。

| 姓名 | 交易额 | 姓名 | 补贴力度 | 姓名 | 自营销率 |
|---|---|---|---|---|---|
| 小敏 | 19022.03 | 晓阳 | 5.40% | Dony | 18.97% |
| Dony | 17124.59 | 小敏 | 4.75% | 小敏 | 17.09% |
| 秋叶Excel | 17067.40 | 秋叶Excel | 4.52% | 秋叶Excel | 15.86% |
| 晓阳 | 11925.50 | Dony | 3.75% | 晓阳 | 15.31% |
| King | 4756.18 | King | 3.45% | | |

**数据排名**

| 日期 | 交易额 | 日期 | 补贴力度 | 日期 | 自营销率 |
|---|---|---|---|---|---|
| 2019/5/19 | 13979.14 | 2019/5/19 | 4.37% | 2019/5/19 | 15.73% |
| 2019/5/20 | 13138.55 | 2019/5/20 | 3.78% | | |

**趋势对比**

梳理清楚了汇报逻辑，选用恰当的图表、适宜的颜色，把数据中的信息直观地表达出来，让读者快速了解报告中的核心、结论。

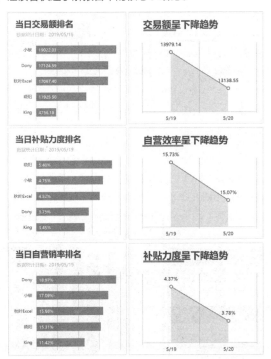

想要达到高级应用水平，不仅仅要掌握 Excel 的常用技巧，还需要学习：

- 图表操作基础；
- 图表美化技巧；
- 数据归纳统计方法。

# 1.2 你真的会用 Excel 吗

认识了 Excel 的高级用法，见识到了更多的 "未知" 领域，这时候你还觉得自己真的会用 Excel 吗？下面再来带你见识一些 Excel 的高效应用小技巧！

## 01 一秒制作动态图表

想要把数据快速变成一个柱形图，你是怎么做的？

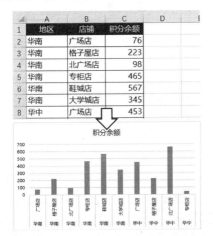

你是选择数据，在【插入】选项卡的功能区中单击【柱形图】图标吗？

不用那么麻烦，按快捷键 Alt+F1，就可以一键制作图表。

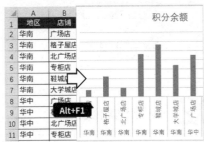

还可以按照下面的操作，轻松把普通图表变成动态图表。

**1** 选择数据中的任意一个单元格，按快捷键 Ctrl+T，把表格转换成 "智能表格"。

**2** 选择数据中的任意一个单元格，在【表设计】选项卡的功能区中单击【插入切片器】图标。

**3** 弹出【插入切片器】对话框，选择【地区】选项，单击【确定】按钮，插入一个切片器。

**4** 这时表格中会出现一个【地区】切片器，单击切片器中的地区，图表就可以动态地显示对应地区的数据，一个炫酷的动态图表就做好了。

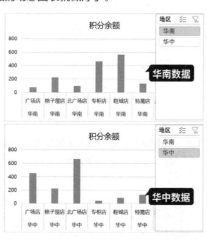

# 02 一键自动美化表格

表格太丑，想要美化表格，你还是直接给单元格加上边框吗？

其实很简单，选择单元格，按快捷键 Ctrl+T，就可以让表格一键美化。

| | A | B | C | D | E |
|---|---|---|---|---|---|
| 1 | 门店 | 1月 | 2月 | 3月 | 4月 |
| 2 | 广场店 | 39134 | 38804 | 98490 | 47382 |
| 3 | 格子屋店 | 66497 | 19879 | 12638 | 39766 |
| 4 | 北广场店 | 54112 | 69313 | 20388 | 20161 |
| 5 | 专柜店 | 58343 | 21969 | 17104 | 85909 |
| 6 | 鞋城店 | 16143 | 95540 | 29937 | 64384 |

| | A | B | C | D | E |
|---|---|---|---|---|---|
| 1 | 门 ▾ | 1月 ▾ | 2月 ▾ | 3月 ▾ | 4月 ▾ |
| 2 | 广场店 | 39134 | 38804 | 98490 | 47382 |
| 3 | 格子屋店 | 66497 | 19879 | 12638 | 39766 |
| 4 | 北广场店 | 54112 | 69313 | 20388 | 20161 |
| 5 | 专柜店 | 58343 | 21969 | 17104 | 85909 |
| 6 | 鞋城店 | 16143 | Ctrl+T 29937 | 64384 | |

在【表设计】选项卡中，还有 Excel 自带的十几套免费又好看的样式，单击就能应用。

# 03 一秒快速提取数据

数字混在文本中，无法统计求和，你还在傻傻地按计算器，或者机械地复制粘贴吗？

不用那么麻烦，输入第 1 个数字，然后按快捷键 Ctrl+E，Excel 就会智能地把数字提取出来了。

不仅能提取数字，提取英文、提取首字母、合并文本，都可以用快捷键 Ctrl+E。

# 04 一键快速切换工作表

工作表非常多，选择不同工作表的时候，你还在一个个用鼠标单击选择吗？

不用那么麻烦，按快捷键 Ctrl+PageUp 可以选择前一个工作表，按快捷键 Ctrl+PageDown 可以选择下一个工作表。这样操作简单又高效。

| | A | B | C | D | E |
|---|---|---|---|---|---|
| 1 | 门店 | 1月 | 2月 | 3月 | 4月 |
| 2 | 广场店 | 39134 | 38804 | 98490 | 47382 |
| 3 | 格子屋店 | 66497 | 19879 | 12638 | 39766 |
| 4 | 北广场店 | 54112 | 69313 | 20388 | 20161 |
| 5 | 专柜店 | 58343 | 21969 | 17104 | 85909 |
| 6 | 鞋城店 | 16143 | 95540 | 29937 | 64384 |

工作表多

封面 | 05 | 06 | 07 | 08 | 09 | 10

| | A | B | C | D | E |
|---|---|---|---|---|---|
| 1 | 门店 | 1月 | 2月 | 3月 | 4月 |
| 2 | 广场店 | 39134 | 38804 | 98490 | 47382 |
| 3 | 格子屋店 | 66497 | 19879 | 12638 | 39766 |
| 4 | 北广场店 | 54112 | 69313 | 20388 | 20161 |
| 5 | 专柜店 | 58343 | 21969 | 17104 | 85909 |
| 6 | 鞋城店 | 16143 | 95540 | 29937 | 64384 |

Ctrl+PageUp    Ctrl+PageDown

封面 | 05 | 06 | 07 | 08 | 09 | 10

# 05 一键数据可视化

表格中的数字虽然整齐但看不到重点，也不能直观地对比出谁大谁小，你还在一个个对比数字的大小吗？

| | A | B | C | D | E |
|---|---|---|---|---|---|
| 1 | 门店 | 1月 | 2月 | 3月 | 4月 |
| 2 | 广场店 | 39134 | 38804 | 98490 | 47382 |
| 3 | 格子屋店 | 66497 | 19879 | 12638 | 39766 |
| 4 | 北广场店 | 54112 | 69313 | 20388 | 20161 |
| 5 | 专柜店 | 58343 | 21969 | 17104 | 85909 |
| 6 | 鞋城店 | 16143 | 95540 | 29937 | 64384 |

按照下面的步骤操作，给数字加上对应的数据条，数字对比起来更简单、直观。

**1** 选择 B2:E6 单元格区域。

**2** 在【开始】选项卡的功能区中单击【条件格式】图标，在弹出的菜单中选择【数据条】命令，然后选择你喜欢的样式，比如【实心填充】组中的绿色数据条。

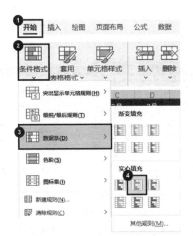

**3** Excel 会根据数字大小，自动在单元格中显示数据条，数字大小一目了然。

# 1.3 摆脱表格打开的烦恼

很多表格的问题从打开 Excel 的那一刻就出现了，比如打开表格时数字变成乱码，又如表格中的数据很少但文件很大等。这一节教你摆脱表格打开时的那些烦恼。

## 01 每次打开表格数字都是乱码，怎么办

表格中经常出现数字乱码的问题，每次打开表格，数字都变成了乱码，把格式改为【常规】之后，下次打开又乱码，怎么办？

这类乱码通常是因为单元格的自定义格式代码导致的。按照下面的步骤操作，

将代码删除即可。

**1** 选择单元格区域 C2:D11，按快捷键 Ctrl+1。

| ▲ | A | B | C | D | | A | B | C | D |
|---|---|---|---|---|---|---|---|---|---|
| 1 | 序号 | 姓名 | 1月销量 | 2月销量 | 1 | 序号 | 姓名 | 1月销量 | 2月销量 |
| 2 | 1 | 林爽爽 | !######43#0 | !######30#6 | 2 | 1 | 林爽爽 | !######43#0 | !######30#6 |
| 3 | 2 | 徐春娇 | !######35#6 | !######32#5 | 3 | 2 | 徐春娇 | !######35#6 | !######32#5 |
| | | | | | 4 | 3 | 卢翰海 | !######41#0 | !######42#5 |
| 5 | 数字乱码 | | !######47#1 | !######49#6 | 5 | 4 | 汪痴香 | !######47#1 | !######49#6 |
| 6 | 5 | 杜梦旋 | !######37#4 | !######42#5 | 6 | 5 | 杜梦旋 | !######37#4 | !######42#5 |
| 7 | 6 | 叶向露 | !######45#5 | !######36#9 | 7 | 6 | 叶向露 | !######45#5 | !######36#9 |
| 8 | 7 | 贾谷翠 | !######42#0 | !######40#5 | 8 | 7 | 贾谷翠 | !######42#0 | !######43#9 |
| 9 | 8 | 吕初阳 | !######42#8 | !######42#5 | 9 | 8 | 吕初阳 | !######42#1 | !######43#9 |
| 10 | 9 | 宋诗蕾 | !######42#5 | !######49#8 | 10 | 9 | 宋诗蕾 | !######| | ② Ctrl + 1 |
| | | | | | 11 | 10 | 孙如柏 | !######| | |

**2** 弹出【设置单元格格式】对话框，选择【数字】选项卡，在【分类】中选择【自定义】，在【类型】框中可以看到导致乱码的格式代码。

**3** 在【类型】列表框中选择这个格式代码，单击【删除】按钮，然后单击【确定】按钮即可。

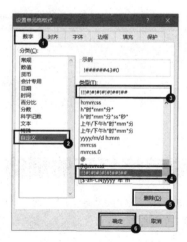

删除后，这个格式代码就彻底从表格中消失了，重新打开表格时不会出现乱码的问题。

如果有，请重复第 1~3 步，删除所有导致乱码的格式代码。

# 02 表格数据很少文件却超大，怎么办

在工作中经常遇到一些很"臃肿"的表格，动辄几兆、十几兆字节，但表格

中并没有很多数据。

比如下图所示的表格中，只有几行数据，但是文件大小有 5.97MB，这是怎么回事呢？

Excel 文件非常大，一方面是因为数据非常多；另一方面就是表格中有很多"非数据"内容，比如空行、形状、图片、对象等。

### 1. 删除多余的空白单元格

第 1 种情况是最为常见的，就是包含多余的空行。这类表格有一个明显的特征，表格里数据并不多，但是水平滚动条或者垂直滚动条特别小。

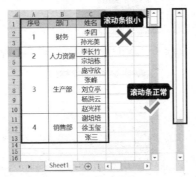

这说明表格里有很多的空白单元格，这些单元格虽然没有数据，但是每个单元格应用的字体、填充、边框等样式，也是占用了 Excel 文件大小。

按照下面的操作，删除多余的空白单元格，可以减少文件大小。

1 单击左边行号"14"，选中整行数据。

2 按快捷键 Ctrl+Shift+↓，快速选中到最后一行。

3 单击鼠标右键，在弹出的菜单中选择【删除】命令，可以批量删除空白行。

4 用相同的方法，单击列号"D"，选中整列数据。

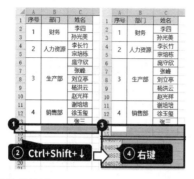

**5** 按快捷键 Ctrl+Shift+ →，快速选中到最后一列。

**6** 单击鼠标右键，在弹出的菜单中选择【删除】命令，批量删除空白列。

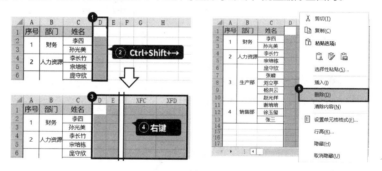

**7** 按快捷键 Ctrl+S 保存文件，此时可以看到文件大小一下子小了很多。

| | |
|---|---|
| 大小: | 10.2 KB (10,539 字节) |
| 占用空间: | 12.0 KB (12,288 字节) |

### 2. 删除不可见对象

第 2 种原因，是因为表格中有大量不可见的对象。

对象是指表中的图片、形状、控件等"非数据"内容，当这些"非数据"对象非常多，我们又看不见时，表格就会莫名其妙地变大。

按照下面的操作，可以找出并删除这些对象，减小文件的大小。

**1** 在【开始】选项卡的功能区中单击【查找和选择】图标，在弹出的菜单中选择【选择窗格】命令，打开【选择】面板。

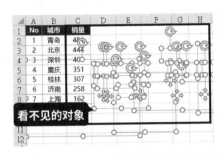
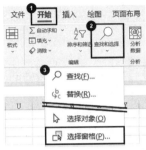

**2** 可以看到表格中存在许多不可见对象，单击【全部显示】按钮。

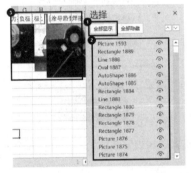

**3** 选中其中一个图片对象，然后按快捷键 Ctrl+A 选中所有图片，按 Delete 键删除即可。

**4** 按快捷键 Ctrl+S 保存文件，可以看到文件只有十几字节了。

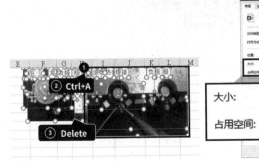

# 1.4 多表格操作必会技巧

本来很简单的操作，可能因为数量多而变得非常复杂。本节主要讲解数据多、工作表多的情况下，提高工作效率的方法。

## 01 多表格浏览必会的高效技巧

表格中的数据多的时候，查看起来会非常不方便。

比如下图所示的表格中，数据行特别多，向下浏览表格后，表头就看不见了。

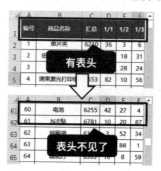

这里介绍几个表格浏览小技巧，掌握了之后，可以轻松地浏览这种"大表格"！

### 1. 冻结窗格

冻结窗格功能可以将表格中的指定数据行、列的位置固定，解决浏览表格时看不到表头的问题。

以上面的表格为例，具体操作如下。

**1** 单击左边的行号 "2"，选择标题下的第 2 行整行的数据。

**2** 在【视图】选项卡的功能区中单击【冻结窗格】图标，在弹出的菜单中选择【冻结窗格】命令，把第 2 行以上的数据固定住。

尝试着向下浏览表格，可以看到标题行被固定住。

冻结数据列也是相同的操作。

**3** 单击列号 "D"，选择 D 列整列的数据。

**4** 在【视图】选项卡的功能区中单击【冻结窗格】图标，在弹出的菜单中选择【冻结窗格】命令，把 D 列左边的数据固定住。

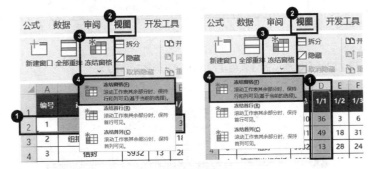

这样向右浏览表格时，D 列左边的数据就被固定住了。

如果想要同时锁定行和列，则选择行和列交叉位置的单元格，然后再使用冻结窗格功能，具体操作如下。

**5** 选择 D2 单元格。

**6** 在【视图】选项卡的功能区中单击【冻结窗格】图标，在弹出的菜单中选择【冻结窗格】命令。

这样向右或向下浏览表格时，第 2 行以上，以及 D 列左边的数据会被固定住，不随表格移动。

## 2. 拆分表格

冻结窗格功能用来冻结表头是非常实用的。但是如果要冻结的数据在最后一行，或者最后一列呢？该如何冻结？

比如下面的数据中，最后一行是汇总行，如何固定最后一行，滚动表格查看上面的数据？

| | A | B | C | D | E | F | G |
|---|---|---|---|---|---|---|---|
| 289 | 288 | 传真纸 | 6294 | 24 | 49 | 64 | 61 |
| 290 | 289 | 光盘 | | 14 | 73 | 92 | |
| 291 | 290 | 装订机 | 6164 | 40 | 78 | 20 | 58 |
| 292 | | 汇总行 | 1822064 | 14431 | 14164 | 14309 | 14564 |
| 293 | | | | | | | |
| 294 | | | | | | | |

固定汇总行

这个时候可以通过拆分表格功能来实现，具体操作如下。

**1** 单击左边的行号"292"，选择"汇总行"数据行。

| | A | B | C | D | E | F | G |
|---|---|---|---|---|---|---|---|
| 289 | 288 | 传真纸 | 6294 | 24 | 49 | 64 | 61 |
| 290 | 289 | 光盘 | 6623 | 86 | 14 | 73 | 92 |
| 291 | 290 | 装订机 | 6164 | 40 | 78 | 20 | 58 |
| 292 | | 汇总行 | 1822064 | 14431 | 14164 | 14309 | 14564 |
| 293 | | | | | | | |
| 294 | | | | | | | |

**2** 在【视图】选项卡的功能区中单击【拆分】图标，此时表格会在"汇总行"的位置被拆分成两个区域，向下拖动中间的分隔线可以调整区域大小。

两个区域其实是同一个表格，数据的更新都是同步的，这样在浏览"大表格"时，就可以固定住最后的"汇总行"了。

用相同的方法，选中整列后单击【拆分】图标，可以把表格拆分成左右两个区域，方便固定"汇总列"。

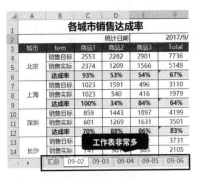

## 02 使用快捷键快速切换多个工作表

表格中的工作表非常多的时候，查看不同工作表要一个一个单击，效率非常低。

比如下图所示的表格中，有不同日期的工作表，切换起来非常麻烦。有没有快速切换的方法？

快速浏览工作表的常用方法有如下两个。

### 1. 状态栏切换

在 Excel 的状态栏中有工作表切换按钮，结合快捷键使用，可以快速切换浏览工作表，具体操作如下。

**1** 在状态栏左侧单击工作表切换按钮左右箭头，可以滚动工作表名称标签。

2 按住 Ctrl 键不放，单击右箭头按钮，可以滚动到最后一个工作表；同理，按住 Ctrl 键不放，单击左箭头按钮，可以滚动到第一个工作表。

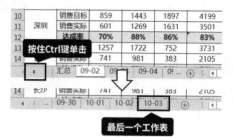

3 如果想要快速浏览中间的工作表，可以在工作表切换按钮上单击鼠标右键，打开【激活】对话框，选择工作表后单击【确定】按钮就可以快速切换到对应的工作表。

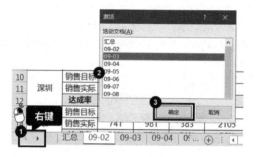

## 2. 并排查看

工作表快速切换的问题解决了，可能还会遇到这样的问题：经常需要把数据填写到第一个工作表"汇总"表中，要频繁地在第一个和最后一个工作表之间切换。如何能把"汇总"表固定，方便切换？

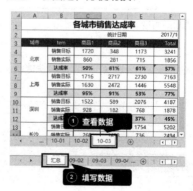

使用 Excel 中的【新建窗口】和【全部重排】功能，可以巧妙地实现这需求。具体操作如下。

我们可以通过【新建窗口】功能"复制"一个相同的工作簿，进行相同工作簿不同工作表的并排对比。

**1** 在【视图】选项卡的功能区中单击【新建窗口】图标，把当前工作簿"复制"一份，两个窗口其实是一个表格，数据是同步更新的。

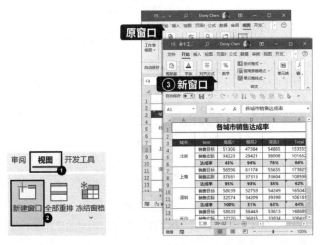

**2** 在【视图】选项卡的功能区中单击【全部重排】图标。

**3** 弹出【重排窗口】对话框，选择【垂直并排】选项，单击【确定】按钮。

这个时候，同一个工作表就会分成两个窗口并排显示在屏幕上了。

在左边的窗口中切换到第一个工作表"汇总"表，右边的窗口中切换到最后一个工作表，数据填写起来就高效多了！

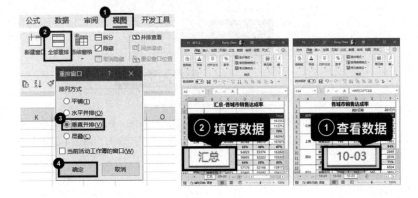

# 03 批量隐藏多个工作表

表格中暂时不需要的或者需要保密的工作表，可以在工作表上单击右键，在弹出的菜单中选择【隐藏】命令将其隐藏起来。

如果想要批量隐藏多个工作表，可以这样操作。

**1** 选择第一个工作表"09-02"，按住 Shift 键的同时单击工作表"09-06"，可以选择多个连续的工作表。

**2** 单击鼠标右键，在弹出的菜单中选择【隐藏】命令，这些工作表就被快速隐藏了。

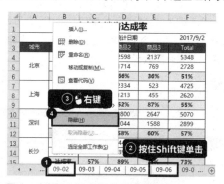

显示工作表也很简单，在工作表名称上单击鼠标右键，在弹出的菜单中选择【取消隐藏】命令，然后在【取消隐藏】对话框中选择工作表，单击【确定】按钮就可以了。

如果要批量取消隐藏多个工作表，也很简单。

在【取消隐藏】对话框中选择第一个工作表,按住 Shift 键不放,单击最后一个工作表,单击【确定】按钮即可。

需要注意的是,批量取消隐藏工作表的功能只有 Office 365 才支持。

# 1.5 图片、形状轻松排版

使用 Excel 制作文档时,有时需要在表格中插入图片、形状等。本节主要介绍图片、形状的快速选择、对齐、旋转等处理技巧。

# 01 图片、形状排版必会技巧

在表格中使用图片、形状时,最让人头疼的就是大小和形状的调整,有时为了将图片对齐可能要花费十几分钟。

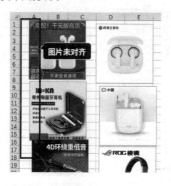

掌握下面这 3 个图片、形状的排版技巧，可以提高表格排版效率。

### 技巧 1：自动对齐到单元格

单元格的边框是一个天然的对齐辅助线，以单元格边框为基准可以快速排版，具体操作如下。

**1** 选择任意一个图片或形状。

**2** 按住 Alt 键不放拖曳图片，图片会自动对齐到单元格边框。

重复这个操作，可以快速把多个图片、形状对齐到边框。

同样，在拖曳图表、形状时，按住 Alt 键，也可以使其自动吸附到单元格边框，从而可以将它们调整成统一的大小。

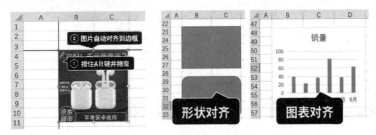

### 技巧 2：批量对齐

使用 Excel 中的【对齐】功能，可以批量对齐图片、形状。

**1** 按住 Ctrl 键不放，单击需要对齐的图片。

**2** 在【图片格式】选项卡的功能区中单击【对齐】图标，在弹出的菜单中选择【左对齐】命令，可以将选择的图片设置靠左对齐。

**3** 再次单击【对齐】图标，在弹出的菜单中选择【纵向分布】命令，可以让图片在纵向均匀分布。

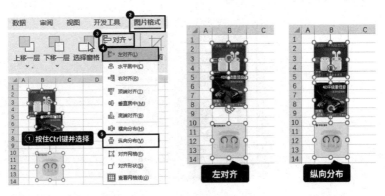

根据实际需求，还可以在【对齐】菜单中选择【水平居中】【右对齐】【顶端对齐】等对齐方式。

单击【对齐网格】命令，可以在移动或调整图片、形状时，实时地对齐到单元格边框，不需要按住 Alt 键。

在开启了【对齐网格】的状态下插入形状，从插入形状到调整大小的过程中，形状也都是自动对齐到网格的。

### 技巧 3：批量选择图片形状

在对多个图片、形状同时进行样式设置或移动等操作时，按下面的方法批量选择图片、形状，可以有效提高效率。

**1** 在【开始】选项卡的功能区中单击【查找和选择】图标，在弹出的菜单中选择【选择对象】命令，这时鼠标指针会变成箭头的形状。

**2** 拖曳鼠标指针框选需要选择的图片或形状。

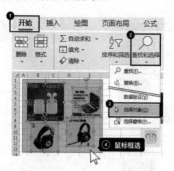

如果想要批量选择所有的图片、形状，可以这样做。

**1** 按快捷键 Ctrl+G，打开【定位】对话框，单击【定位条件】按钮。

2 弹出【定位条件】对话框，选择【对象】选项，单击【确定】按钮。

3 这时所有的图片、形状就被批量选中了，然后就可以进行移动、复制、删除等操作。

# 02 让图片随单元格一起筛选

图片插入表格之后，在筛选数据的时候，图片经常会错乱，不随着单元格变化而变化。

通过设置图片的属性，可以解决这个问题，具体操作如下。

1 选择任意一张图片，按快捷键 Ctrl+A 全选所有图片。

2 按快捷键 Ctrl+1，打开【设置图片格式】面板。

3 单击【大小与属性】图标，在【属性】菜单中选择【随单元格改变位置和大小】选项即可。

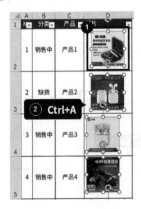
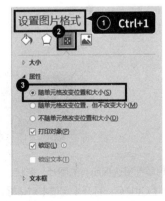

设置之后，再筛选数据，图片就可以正常地随着单元格隐藏或显示了。

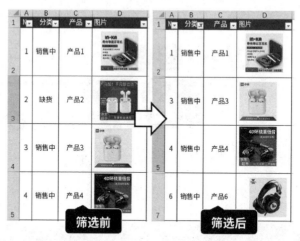

同时，在调整单元格的行高时，图片的大小也会随着发生变化。如果不希望图片的大小变化，则选择【随单元格改变位置，但不改变大小】选项。

# 和秋叶一起学
## 秒懂Excel

## ▶▶ 第 2 章 ◀◀
## 快速录入数据

　　用 Excel 处理数据之前，首先要把数据录入 Excel 表格中。录入数据是一个非常烦琐的"体力活"，对于那些有规律的、重复的数据，可以通过 Excel 中的一些功能，快速地完成录入，提高工作效率。

　　本章我们将学习不同规律的序号的录入方法，以及一些重复数据的批量录入技巧。

# 2.1 序号录入

本节主要讲解表格中序号的录入方法，根据序号的规律，快速、批量录入序号。

## 01 快速输入连续的序号

在做表的时候，经常需要制作一列连续的序号作为标识。如何快速制作一列连续的序号呢？有 3 种常用的方法。

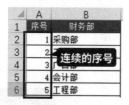

### 方法 1：拖曳填充

通过预先填写序号，然后拖曳自动填充序号列。

以纵向填充 1、2、3……序号为例，具体操作如下。

**1** 在 A2、A3 单元格中分别输入数字"1"和"2"。

**2** 选择 A2:A3 单元格区域，将鼠标指针放在单元格右下角，指针变成黑色加号形状时拖曳鼠标向下填充即可。

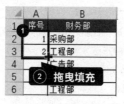

Excel 会自动识别填充的规律，如果预先填写的数字是 2 和 4，那么填充后序号就是 2、4、6、8、10……

### 方法 2：Ctrl 键填充

**1** 在 A2 单元格中输入数字"1"。

**2** 选择 A2 单元格，按住 Ctrl 键不放，拖曳鼠标向下填充，松开鼠标即填充完成。

② 按住Ctrl键拖曳鼠标

方法 3：序列填充

如果需要填充大量的序号，比如要填充 1~100 的序号。前面两种方法效率都不高。

使用填充功能，可以一键批量生成大量序号。具体操作如下。

**1** 在 A2 单元格中输入数字"1"。

**2** 选中 A2 单元格，在【开始】选项卡的功能区中单击【填充】图标，在弹出的菜单中选择【序列】命令。

**3** 弹出【序列】对话框，在【序列产生在】组中选择【列】选项，【步长值】框中输入"1"，【终止值】框中输入"100"，单击【确定】按钮，就可以完成1~100 的序号填充。

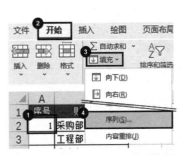

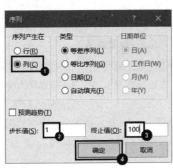

整个过程 Excel 自动完成，比拖曳填充高效很多。

总结一下填充序号的 3 种方法：

- 先填写序号，然后拖曳填充；
- 按住 Ctrl 键拖曳填充；
- 借助序列功能批量填充序号。

# 02 合并单元格如何快速填充序号

如果合并单元格的大小都相同，在填充序号时，和普通单元格没有太大区别，可以参考上面的内容，先预填写两个序号，然后拖曳鼠标填充。

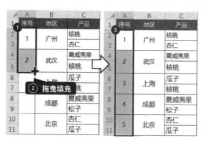

比较麻烦的是大小不一的合并单元格，在拖曳填充序号的时候会提示若要执行此操作，所有合并单元格需大小相同，无法填充序号。

针对这种大小不一的合并单元格，只能借助函数公式来实现序号的批量填充了，具体操作如下。

**1** 选中 A2 单元格，在编辑栏中输入下图所示的公式。

**2** 选中所有的序号单元格区域 A2:A15，将光标置于编辑栏中，按快捷键 Ctrl+Enter 批量填充公式到所有合并单元格，就可以填充连续的序号了。

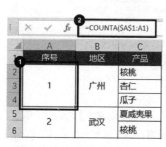

本例中用到的公式如下。

=COUNTA($A$1:A1)

公式的原理是，统计当前单元格上方非空单元格的数量。

随着公式向下填充，上方非空单元格数量会逐渐递增，最后实现了序号填充的效果。

# 03 在新增行、删除行时保持序号不变

新增行、删除行是编辑表格时常用的操作，但是这样操作之后，表格的序号就会变得不连续，要重新填充。

如何能够在新增行或删除行之后，让序号依然保持连续呢？

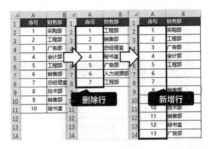

这需要结合 ROW 函数和智能表格功能来实现，具体操作如下。

1 选择 A2 单元格。

2 在编辑栏中输入公式，按 Enter 键。

=ROW()-1

3 将鼠标指针放在单元格右下角，指针变成黑色加号形状时，双击填充公式即可。

4 选中单元格区域 A1:B14，按快捷键 Ctrl+T，弹出【创建表】对话框，单击【确定】按钮，将表格转换为智能表格。这样在新增行或删除行时，公式可以自动填充到单元格中。

设置完成后再尝试新增行或删除行，序号就可以自动更新了。

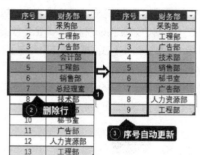

总结一下上面用到的方法。

- ROW 函数是用来获取当前单元格所对的行号，因为案例中公式是从 A2 开始编写的，公式"=ROW()"返回的是 2，所以改成"=ROW()-1"才能满足从 1 开始的需要。
- 将数据转换为智能表格的目的，是利用智能表格可以自动扩展区域的特性，实现 ROW 函数的自动填充，保持序号的连续。

# 2.2 快速输入技巧

本节主要讲解如何快速录入数据，不用费时费力地复制粘贴，同时数据录入更加准确。

## 01 制作下拉列表

在制作公司花名册、统计表等报表的时候，经常会需要输入一些重复的内容。这时使用下拉列表直接选择，可以简化重复输入操作。

下拉列表的制作并不复杂，按照下面的操作即可实现。

① 选择要添加下拉列表的 B2:B10 单元格区域。

② 在【数据】选项卡的功能区中单击【数据验证】图标。

③ 弹出【数据验证】对话框，单击【允许】下方的下拉按钮，在菜单中选择【序列】命令。

④ 单击【来源】下方的选择区域按钮，选择部门信息所在的单元格 $D$2:$D$6，单击【确定】按钮即可。

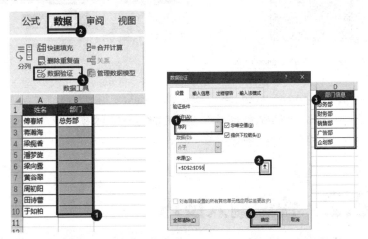

这时，选择部门列中的任意一个单元格，就可以使用下拉列表来选择数据了。

# 02 制作二级下拉列表

填写地址信息时，使用下拉列表可以提高输入效率。但是如果城市名称非常多，在下拉列表中选择时就比较麻烦。

如何能够根据 A 列的省份，让 B 列的下拉列表显示对应的城市，制作一个二级下拉列表呢？

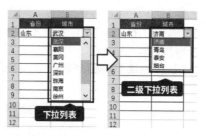

二级下拉列表，本质上就是给下拉列表构建动态的选项区域，需要结合 INDIRECT 函数来实现，具体操作如下。

### 1. 制作省份下拉列表

首先给"省份"添加一级下拉列表。

**1** 选择 A2:A10 单元格区域。

**2** 在【数据】选项卡的功能区中单击【数据验证】图标。

**3** 弹出【数据验证】对话框，单击【允许】下方的下拉按钮，在菜单中选择【序列】命令；单击【来源】下方的选择区域按钮，选择省份信息所在的单元格 $D$2:$D$5，最后单击【确定】按钮完成设置。

### 2. 制作城市二级下拉列表

在制作二级下拉列表之前，需要准备好下拉列表内容对应的数据源。

　　数据中的第 1 行是一级下拉列表的内容，下面是每个选项对应的二级列表内容。

　　准备好数据之后，接下来按照下面的操作，创建二级下拉列表。

1 选择二级下拉列表内容对应的数据源 F1:I5，按快捷键 Ctrl+G，打开【定位】对话框，单击【定位条件】按钮。

2 弹出【定位条件】对话框，选择【常量】选项，单击【确定】按钮，即可将所有非空单元格选中。

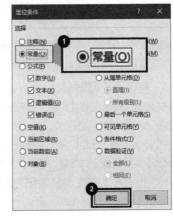

3 在【公式】选项卡的功能区中单击【根据所选内容创建】图标。

4 弹出【根据所选内容创建名称】对话框，仅选择【首行】选项，单击【确定】按钮。

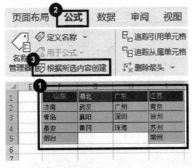

5 设置完自定义名称后，选择 B2:B10 单元格区域，在【数据】选项卡的功能区中单击【数据验证】图标。

6 弹出【数据验证】对话框，单击【允许】下方的下拉按钮，在菜单中选择【序列】命令；在【来源】下方的编辑框中输入公式，单击【确定】按钮完成下拉列表设置。

公式如下。

=INDIRECT($A2)

INDIRECT 函数的作用是根据自定义的名称，去引用对应的数据区域。

$A2 单元格的内容是"山东"，这时的"山东"不只是一个文本，在第 4 步的时候，通过【根据所选内容创建】功能，把山东对应的城市区域 F2:F5 命名为"山东"。所以"城市"列表选项就可以根据"省份"不同，而动态更新了。

# 03 在 Excel 中制作能打钩的方框

工作中有时会制作调查表、确认表，需要输入一些可以打钩的方框。

| | A | B | C |
|---|---|---|---|
| 1 | No | 姓名 | 出门确认项目 |
| 2 | 1 | 傅春娇 | ☑钥匙 ☑手机 ☑钱包 |
| 3 | 2 | 蒋瀚海 | □钥匙 □手机 □钱包 |
| 4 | 3 | 梁痴香 | □ **方框** 机 □钱包 |
| 5 | 4 | 潘梦旋 | □钥匙 □手机 □钱包 |
| 6 | 5 | 梁向露 | □钥匙 □手机 □钱包 |
| 7 | 6 | 黄谷翠 | □钥匙 □手机 □钱包 |
| 8 | 7 | 周初阳 | □钥匙 □手机 □钱包 |
| 9 | 8 | 田诗蕾 | □钥匙 □手机 □钱包 |
| 10 | 9 | 于如柏 | □钥匙 □手机 □钱包 |

使用 Excel 的表单控件功能,可以插入能打钩的方框,具体操作如下。

**1** 在【文件】选项卡的功能区中单击【选项】命令。

**2** 弹出【Excel 选项】对话框,单击【自定义功能区】选项卡,在右侧的【主选项卡】列表中选择【开发工具】选项,单击【确定】按钮,显示出【开发工具】选项卡。

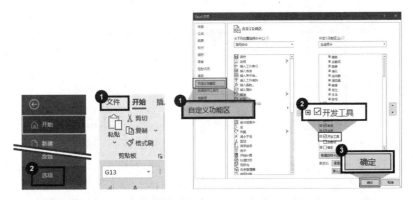

**3** 在【开发工具】选项卡的功能区中单击【插入】图标,在弹出的菜单中选择【表单控件】组的【复选框(窗体控件)】命令,然后在表格的任意位置单击鼠标,就可以插入一个能打钩的方框。

设置完成后,单击添加的复选框即可实现打钩,再次单击可以取消打钩,非常方便。

# 04 批量填充数据到不同单元格

合并单元格虽然好看，但是筛选数据的时候容易出现数据缺失的情况。

这是因为合并单元格中，只有第一个单元格是有数值的，其他单元格都是空白单元格，取消合并之后，可以清楚地看到这一特点。

若要避免数据的缺失，需要把空白单元格全部填补上合并单元格的内容。如何能够实现这个需求呢？

可以使用快捷键 Ctrl+Enter 批量填充来实现。

## 1. 批量填充指定数据

比如现在要给空白单元格批量填充上"0"，具体的操作如下。

❶ 选择 C2:C13 单元格区域。

❷ 按快捷键 Ctrl+G，打开【定位】对话框，单击【定位条件】按钮。

❸ 弹出【定位条件】对话框，选择【空值】选项，单击【确定】按钮，批量选中所有的空白单元格。

4 输入数字"0",然后按快捷键 Ctrl+Enter,即可完成空白单元格的批量填充。

### 2. 批量填充公式

在填充合并单元格内容时,每个单元格的内容不一样,所以这时要结合函数公式来完成批量填充,具体操作如下。

1 选择 A2:A13 单元格区域。在【开始】选项卡的功能区中单击【合并后居中】图标,取消合并单元格。

2 按快捷键 Ctrl+G,打开【定位】对话框,单击【定位条件】按钮。

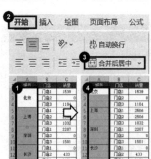

**3** 弹出【定位条件】对话框，选择【空值】选项，单击【确定】按钮，批量选中所有的空白单元格。

**4** 在编辑栏中依次按下等于号"="和向上箭头"↑"，引用上一个单元格的内容，然后按快捷键 Ctrl+Enter，就可以把每个单元格的内容批量填充下来了。

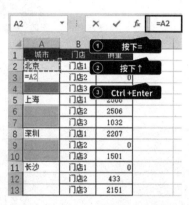

数据填充完成后效果如图所示。

和秋叶一起学

秒懂 Excel

## ▶▶ 第 3 章 ◀◀
## 表格排版技巧

　　一个设计优良的表格，可以大大提升数据录入、阅读的效率，可以快速地实现数据收集和汇总。

　　在表格排版过程中会有一些重复的操作，比如隔行插入空行，根据分类合并不同单元格，调整单元格数据格式等。掌握了这些操作技巧，可有效提高工作效率。

　　本章我们将从表格排版、单元格美化等方面，学会批量操作的高效方法。

# 3.1 行列排版美化

掌握批量调整行高、列宽，插入空行、空列的技巧，可以大幅提升排版效率，本节就带你一起揭晓这些高效排版技巧。

## 01 批量调整行高和列宽

调整行高、列宽的方法很简单，把鼠标指针放在行号或列号之间，单击并拖曳之间的分界线就可以调整。

当表格中数据非常多的时候，这样一行一行，或一列一列调整就特别浪费时间。

这个时候可以根据单元格内容的多少自动调整行高，具体操作如下。

**1** 单击表格编辑区域左上角的"倒三角"，全选所有的单元格。

**2** 将鼠标指针放在两个行号之间，指针变成上下调节箭头形状时双击鼠标，单元格就会根据内容的多少，自动地调整行高了。

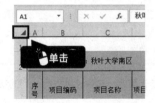

# 02 把横排的数据变成竖排

下面表格里的数据是横排的，现在需要把这个数据变成竖排排列，应该如何操作？

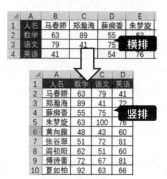

表格横排转竖排，使用表格中的转置功能，可以快速地实现，具体的操作如下。

**1** 选中横排的数据 A1:U4 单元格区域，并按快捷键 Ctrl+C 复制数据。

**2** 选择任意一个空白单元格，比如 A6 单元格。

**3** 单击鼠标右键，在弹出的菜单中选择【粘贴选项】组中的【转置】命令，就可以完成横排到竖排的调整。

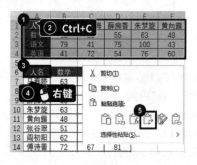

# 03 插入行、列有哪些快捷键

插入行、列是 Excel 中非常高频的操作，掌握一些快速插入行、列的快捷键，可以有效提高制表的效率。

Excel 中有 3 种快速插入行列的操作方法。下面以插入行为例讲解，列的插入方法相同。

### 1. 鼠标右键插入

最简单的方法，就是选择整行之后，右键插入行。

▌1 选择第 2 ~ 5 行的数据。

▌2 在选中行号上单击鼠标右键，在弹出的菜单中选择【插入】命令，即可插入 4 个空行。

因为我们选择了 4 行数据，所以插入的也是 4 行；插入的行数和选择的数据行数是一致的。

### 2. 快捷键插入

相比右键插入行，更快捷键的方法是使用快捷键 Ctrl+Shift++。

▌1 选择第 2 ~ 5 行的数据。

▌2 按快捷键 Ctrl+Shift+ +，可以快速插入 4 个空行。

如果想要批量地删除空行，在第 2 步的时候，按快捷键 Ctrl+-，可以快速地删除当前所选择的行。

### 3. 鼠标拖曳插入

第 3 种方法是结合鼠标和 Shift 键快速插入空行。

**1** 选中第 2 行数据。

**2** 按住 Shift 键不放，将鼠标指针放在单元格右下角，当指针变成上下箭头形状时，向下拖曳两行，就可以快速插入两个空白行。

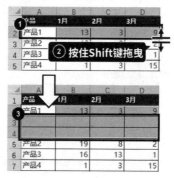

插入空列的方法完全相同，只是第 1 步选择数据时，改成选择数据列就可以了。

# 04 批量删除多行

表格模板中有很多的"小计"行。现在这些"小计"行都不需要了，如何快速删除这些行？

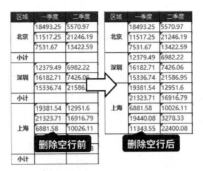

在 Excel 中批量删除多行数据有两种方式：筛选删除、定位删除。

**1. 筛选删除**

要删除的数据行，都有一个"小计"，所以可以使用【筛选】功能快速找出这些数据行，然后批量删除，具体操作如下。

**1** 选中标题行中的任意一个单元格，比如 A1 单元格。

**2** 在【数据】选项卡的功能区中单击【筛选】图标，添加筛选按钮。

**3** 单击 A1 单元格右侧的筛选按钮，在弹出的菜单中仅选择【小计】选项，单击【确定】按钮，把所有的小计行都筛选出来。

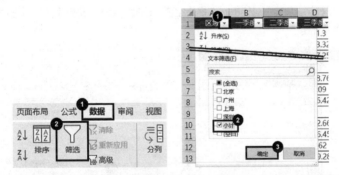

**4** 选择第 5 ~ 22 行的数据，然后单击鼠标右键，在弹出的菜单中选择【删除行】命令，删除小计行。

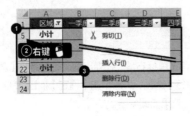

因为"小计"行除了 A 列之外，都是空白单元格，所以还可以在 B 列中筛选
"空白"，找出这些空白行，然后再批量删除，原理都是一样的。

### 2. 定位删除

批量删除空行的前提，就是先把空行全部都选择出来，这个过程用【定位】
功能也可以实现，具体操作如下。

定位删除主要用于隔行删除多个空白行，如图所示。

**1** 选择 B2:B22 单元格区域，按快捷键 Ctrl+G，打开【定位】对话框，单击【定
位条件】按钮。

**2** 弹出【定位条件】对话框，选择【空值】选项，单击【确定】按钮，选中所有
的空白单元格。

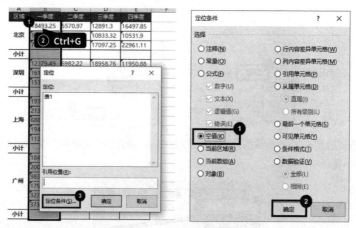

**3** 在选中的单元格上单击鼠标右键，在弹出的菜单中选择【删除】命令，弹出【删
除】对话框，选择【整行】选项，最后单击【确定】按钮，就可以批量删除空行了。

批量删除空行后的效果如图所示。

| 区域 | 一季度 | 二季度 | 三季度 | 四季度 |
|---|---|---|---|---|
| 北京 | 18493.25 | 5570.97 | 12891.3 | 16497.85 |
| | 11517.25 | 21246.19 | 10833.32 | 10531.9 |
| | 7531.67 | 13422.59 | 17097.25 | 22961.11 |
| 深圳 | 12379.49 | 6982.22 | 18958.76 | 11950.88 |
| | 16182.71 | 7426.06 | 5562.09 | 17126.48 |
| | 15336.74 | 21586.95 | 16796.42 | 5392.16 |
| 上海 | 19381.54 | 12951.6 | 14292.66 | 4345.61 |
| | 21323.71 | 16916.79 | 14606.45 | 3656.57 |
| | 6881.58 | 10026.11 | 9399.62 | 10423.93 |
| | 19440.08 | 3278.33 | 19439.28 | 19856.68 |
| | 11343.55 | 22400.08 | 8014.68 | 4644.81 |

# 3.2 单元格美化

和手动调整列宽一样，肯定还有人手动给单元格一个一个地调整格式。本节你会学到单元格的常用美化技巧，告别机械地输入、复制、粘贴。

## 01 把手机号快速设置为"000-0000-0000"的格式

在记忆手机号时，我们会习惯性地用"000-0000-0000"方式去记忆。
那么如何在表格中也把手机号改成这种格式，方便阅读和快速记忆呢？

| 姓名 | 手机号 | | 姓名 | 手机号 |
|---|---|---|---|---|
| 胡静春 | 15088880001 | | 胡静春 | 150-8888-0001 |
| 钱家富 | 15088880002 | | 钱家富 | 150-8888-0002 |
| 胡永跃 | 15088880003 | | 胡永跃 | 150-8888-0003 |
| 狄文倩 | 1508888000 | | 狄文倩 | 150-8888-0004 |
| 韩军 | 1508888000 | | 韩军 | 150-8888-0005 |
| 徐登兰 | 15088880006 | | 徐登兰 | 150-8888-0006 |
| 朱耀邦 | 15088880007 | | 朱耀邦 | 150-8888-0007 |
| 徐强 | 15088880008 | | 徐强 | 150-8888-0008 |
| 潘文来 | 15088880009 | | 潘文来 | 150-8888-0009 |

在 Excel 中使用【设置单元格格式】功能，可以批量地实现这个效果，具体操作如下。

**1** 选中 B2:B10 单元格区域。

**2** 单击鼠标鼠标右键，在弹出的菜单中选择【设置单元格格式】命令。

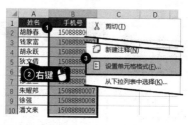

**3** 弹出【设置单元格格式】对话框，选择【数字】选项卡，在【分类】组中单击【自定义】命令，并在右侧【类型】下方的编辑栏中输入单元格格式代码"000-0000-0000"（不包含引号），单击【确定】按钮，完成自定义单元格格式设置。

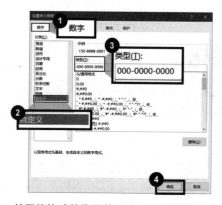

| | A | B |
|---|---|---|
| 1 | 姓名 | 手机号 |
| 2 | 胡静春 | 150-8888-0001 |
| 3 | 钱家富 | 150-8888-0002 |
| 4 | 胡永跃 | 150-8888-0003 |
| 5 | 狄文倩 | 150-8888-0004 |
| 6 | 韩军 | 150-8888-0005 |
| 7 | 徐登兰 | 150-8888-0006 |

单元格格式就像是单元格的一件"衣服"，手机号本身并没有改变，只是在显示的时候，按照"000-0000-0000"的格式来显示。

格式代码中的"0"是一个数字占位符，所以"000-0000-0000"的意思就是把数字分成了"3-4-4"的格式，并且用"-"连接，最终就实现了手机号美化的效果。

# 02 在表格中输入"001"时，为什么结果只显示"1"

制表时经常需要输入"001"格式的序号，但是为什么输入"001"并按下Enter 键之后，结果只显示"1"呢？

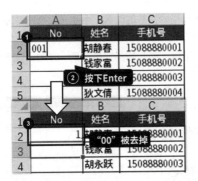

在单元格中输入数字时，Excel 会认为整数前面的"0"是没有意义的，所以按 Enter 键后，会自动去掉这些无意义的"0"。

解决这个问题的关键，就是告诉 Excel 不要把"001"当成一个数字，而是作为文本，把所有的"0"一起保存在单元格中，具体操作如下。

**1** 选择 A2:A7 单元格区域。

**2** 在【开始】选项卡的功能区中单击数字格式编辑框右侧的下拉按钮，选择文本命令。

**3** 设置完成后，再次输入"001"，就可以正常地显示编号 001 了。

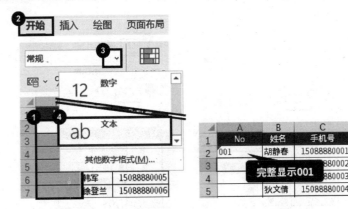

# 03 把多个相同内容的单元格，合并成一个

在表格中把相同的数据合并成一个单元格，可以让表格更美观，分类也更清晰。

但是当有多个单元格要合并的时候，手动一个个合并效率非常低，如何能够批量地合并相同内容的单元格？

如果需要合并的数据，单元格的数量都是一样的，像下面的表格一样，使用【格式刷】功能，可以轻松地实现，具体操作如下。

1 选择 A2:A3 单元格区域。

2 在【开始】选项卡的功能区中单击【合并后居中】图标，合并这两个单元格。

3 选择合并后的 A2 单元格，在【开始】选项卡的功能区中单击【格式刷】图标。

4 选择 A4:A13 单元格区域，把合并单元格的格式应用到其他单元格，就可以批量完成单元格的合并。

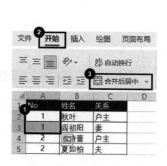
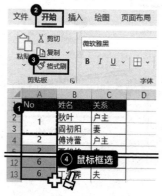

# 04 去掉单元格左上角的绿色小三角

包含数字的单元格中，左上角经常会有一个绿色的三角形，一方面看着不是很美观，另一方面，使用 SUM 函数对这样的数字求和时，总是出错：数字都在，但求和结果为 0。

在 Excel 中，这个绿色的小三角代表一个信息：文本格式数字。意思就是数字被保存成了文本，而 SUM 函数求和时是忽略文本的，所以这样的数字求和结果为 0 就很正常了。

解决的方法就是把文本格式数字转成数值型数字，有两种不同的方法。

### 1. 方法 1

最简单的方法，就是使用单元格左上角的【错误检查选项】按钮，快速地转成数字，具体操作如下。

**1** 选择 C2:I5 单元格区域。

**2** 单击选区左上角的【错误检查选项】按钮，在弹出的菜单中选择【转换为数字】命令即可。

这个时候，单元格中的绿色小三角就消失了，同时"总计"中的 SUM 求和结果也正确了。

### 2. 方法 2

第 2 种方法，使用【选择性粘贴】功能，也可以一劳永逸地解决问题，具体操作如下。

**1** 选择任意一个空白单元格，如 C8 单元格，按快捷键 Ctrl+C 复制该单元格。

2 选择 C2:I5 单元格区域，单击鼠标右键，在弹出的菜单中选择【选择性粘贴】命令。

3 弹出【选择性粘贴】对话框，选择【数值】选项，然后选择【加】选项，单击【确定】按钮即可。

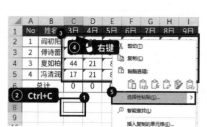

粘贴完成后，同样可以取消绿色小三角，把文本格式数字转换成数值型数字。

## 05 把超过 5 位数的数字显示为多少"万"

单元格中的数字非常大的时候，阅读起来会比较困难。

比如下图所示的表格中的数字，如果可以显示为多少"万"，阅读起来会更轻松。

| | A | B | C | D |
|---|---|---|---|---|
| 1 | 产品 | 1月 | 2月 | 3月 |
| 2 | 产品1 | 92135 | 254669 | 415961 |
| 3 | 产品2 | 634884 | 962575 | 638878 |
| 4 | 产品3 | 11062? | 757742 | 741990 |

| | A | B | C | D |
|---|---|---|---|---|
| 1 | 产品 | 1月 | 2月 | 3月 |
| 2 | 产品1 | 9.2万 | 25.5万 | 41.6万 |
| 3 | 产品2 | 63.5万 | 96.3万 | 63.9万 |
| 4 | 产品3 | 11.1万 | 75.8万 | 74.2万 |

使用 Excel 中的【设置单元格格式】功能，可以很方便地实现这个效果，具体操作步骤如下。

1 选择 B2:F9 单元格区域。

**2** 单击鼠标右键，在弹出的菜单中选择【设置单元格格式】命令。

**3** 弹出【设置单元格格式】对话框，选择【数字】选项卡，在【分类】组中单击【自定义】命令，并在【类型】下方的编辑栏里输入"0!.0,"万""（不包含外双引号），单击【确定】按钮。

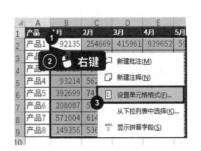

设置完单元格格式之后，数字就变得清晰多了。

| 产品 | 1月 | 2月 | 3月 | 4月 | 5月 |
|---|---|---|---|---|---|
| 产品1 | 9.2万 | 25.5万 | 41.6万 | 94.0万 | 59.4万 |
| 产品2 | 63.5万 | 96.3万 | 63.9万 | 91.7万 | 56.5万 |
| 产品3 | 11.1万 | 75.8万 | 74.2万 | 3.1万 | 89.3万 |
| 产品4 | 9.3万 | 56.2万 | 34.0万 | 19.2万 | 77.9万 |
| 产品5 | 39.3万 | 74.1万 | 20.9万 | 99.4万 | 88.2万 |
| 产品6 | 20.8万 | 56.1万 | 34.5万 | 36.0万 | 63.4万 |
| 产品7 | 57.1万 | 61.4万 | 67.0万 | 33.0万 | 85.3万 |
| 产品8 | 14.9万 | 53.6万 | 35.2万 | 4.0万 | 56.7万 |

需要注意的是，单元格格式代码"0!.0,"万""中的所有符号都必须是英文状态下的半角符号，否则无法正确地显示为多少"万"。

## 06 数字显示为"123E+16"时如何恢复正常显示

你是否遇到过这样的问题，在单元格中输入身份证号码、银行卡卡号等长数字时，会出现类似"123E+16"这样的乱码。

| 姓名 | 身份证号码 |
|---|---|
| 阎初阳 | 1.23457E+17 |
| 傅诗蕾 | 2.34557E+17 |
| 夏如柏 | 身份证号乱码 |
| 冯清润 | |

这是因为数字太长，Excel 认为不方便阅读，所以就自动将其变成"123E+16"格式的科学记数法形式。但是对于身份证号码和银行卡卡号这类文本类型的数字而言，显然是多此一举。

解决这类问题的方法也不难，把数字变成文本类型数字，让 Excel 把数字完整地显示出来就可以了，具体的操作如下。

**1** 选择 B2:B5 单元格区域。

**2** 在【开始】选项卡的功能区中单击【数字格式】编辑框右侧的下拉按钮，在弹出的菜单中选择文本命令。

**3** 在单元格中重新输入身份证号码，就可以正常显示了。

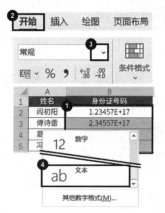

需要注意的是，Excel 在把长数字转换为科学记数法形式时，最多只保留 15 位数字，超出的部分会自动变成零，而且无法恢复。

所以在输入这类长数字之前，一定要先把单元格的格式设置为文本。

和秋叶一起学

秒懂Excel

看似简单的表格打印也"暗藏"很多技巧。当表格被打印出来的时候，有时会发现各种各样的打印问题。

表格怎么没有打印在一页纸上？表格中为什么有那么多的空白？为什么除第一页外其他页都没有标题？如何给表格加上页码？

本章就带你学习 Excel 中的打印技巧，解决工作中那些看起来不大但有时让人很头疼的打印问题。

# 4.1 打印页面设置

打印之前首先要做的就是设置好打印页面的大小。阅读本节内容你将学会如何让表格完整地打印在一张纸上等内容。

## 01 让打印内容正好占满一页纸

Excel 中原本显示在一页的表格，打印时却莫名其妙变成了很多页。如何让表格内容正好占满一页纸打印出来呢？

在 Excel 中可以通过【分页预览】视图来设置打印区域的大小，让表格铺满整个纸张。具体操作步骤如下。

**1** 在【视图】选项卡的功能区中单击【分页预览】图标，进入分页预览视图。或者单击 Excel 窗口右下角的【分页预览】按钮，可以实现相同的效果。

**2** 单击并拖曳页面中蓝色的分页线，将其拖曳到右侧灰色区域，即可删除分页线。

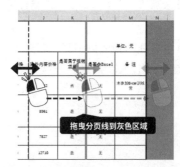

**3** 重复第 2 步操作，删除所有纵向和横向的分页线，变成下图所示的样子。再打印表格，就可以将表格数据完整地铺满整个页面。

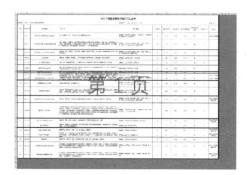

　　如果你觉得一个个地删除分页线比较麻烦，也可以使用下面的小技巧来"偷懒"。

**1** 在【页面布局】选项卡的功能区中单击【宽度】图标右侧的下拉按钮，在弹出的菜单中选择【1 页】命令。

**2** 单击 Excel 窗口右下角的【分页预览】按钮进入分页预览视图，确认一下，所有的分页线就一次性全部都删除了。最后直接打印表格就可以了。

# 02 让表格打印在纸张的中心位置

　　打印表格时，打印出来的内容默认是靠左上对齐的，不是居中显示的。

在【页面布局】选项卡中调整居中方式，可以快速解决这个问题，具体操作如下。

**1** 在【页面布局】选项卡的功能区中单击【页面设置】组右下角的箭头按钮，打开【页面设置】对话框。

**2** 在【页边距】选项卡的【居中方式】组中选择【水平】和【垂直】选项，然后单击【确定】按钮。

设置完成后重新打印，表格内容打印出来就可以居中显示了。

# 03 打印预览时文字挤在一起怎么办

表格中文字非常多的时候，打印出来经常会出现文字挤在一起的情况。

一般来说产生这种问题是因为表格里行高不够。批量调整行高即可，具体操作如下。

**1** 在左边的行号上拖曳选择第 5 ~ 54 行的数据。

**2** 把鼠标指针放在两个行号中间，指针变成上下箭头形状时双击鼠标，Excel 会根据单元格内容自动调整行高。

行高调整完成后，就没有文字挤在一起的问题了。

# 04 打印一个工作簿中的多个工作表

工作簿中通常会有多个工作表，想要把这些工作表全部打印出来，如果一个一个工作表打印太慢了。

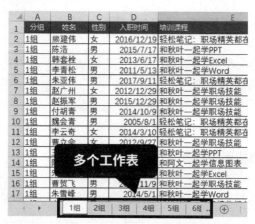

以上面这个表格为例，我们可以按照下面的操作步骤，批量打印多个工作表。

1️⃣ 选中第一个要打印的工作表"1组"。

2️⃣ 按住 Shift 键选择最后一个要打印的工作表"5组"。这样可以同时选中所有要打印的工作表。

3️⃣ 按快捷键 Ctrl+P，进入打印预览界面。

4️⃣ 在【设置】组中选择【打印活动工作表】命令，然后单击【打印】按钮。

如果是要打印工作簿里的所有工作表，也可以在上面的第 4 步中选择【打印整个工作簿】，批量打印所有的工作表。

# 4.2　页眉页脚设置

如何在每页表格中都添加公司的名称或者 Logo？如何给表格加上页码？这些都是页眉页脚相关的技巧。学完本节的技巧，读者都可以打印出商务范儿十足的表格。

## 01 为表格添加页眉

公司里的表格文件出于保密考虑，打印的时候需要在页眉中添加公司的名称。

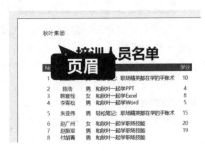

这个需求可以直接在 Excel 中实现，具体操作如下。

**1** 在【页面布局】选项卡的功能区中单击【页面设置】组右下角的箭头按钮，打开【页面设置】对话框。

**2** 单击【页眉 / 页脚】选项卡，单击【自定义页眉】按钮。

**3** 弹出【页眉】对话框，在【左部】下方的编辑框中输入公司名称，然后单击【确定】按钮。

设置完成后按快捷键 Ctrl+P 进入打印预览界面，可以查看页眉的设置效果。

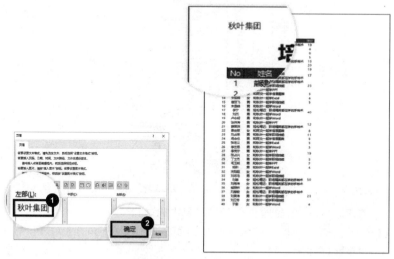

在 Excel 中还有一个更简单的页眉设置方法。

**1** 在 Excel 窗口右下角单击【页面布局】按钮，进入页面布局视图。

**2** 将光标放在页眉区域，直接输入公司名称即可。

# 02 为表格添加页码和页数

表格如果有很多页，给每页都加上页码，可以方便阅览表格，也方便统计表格共打印了多少页。

在表格中添加页码的操作非常简单，具体操作如下。

**1** 在【页面布局】选项卡的功能区中单击【页面设置】组右下角的箭头按钮，打开【页面设置】对话框。

**2** 单击【页眉 / 页脚】选项卡，单击【自定义页脚】按钮。

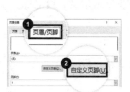

**3** 弹出【页脚】对话框，单击【中部】下方的编辑框，然后单击【插入页码】按钮，输入"/"，单击【插入页数】按钮，完成页码的设置。最后单击【确定】按钮。

　　设置完成后按快捷键 Ctrl+P 进入打印预览界面，可以查看页码的设置效果。

　　在 Excel 中切换到页面布局视图，设置页码会更简单，具体操作如下。

**1** 在 Excel 窗口右下角单击【页面布局】按钮，进入页面布局视图。

**2** 在数据区域下方找到页脚区域，在这里编辑页脚内容。

**3** 在【页眉和页脚】选项卡的功能区中单击相应的按钮，插入页码、页数即可。

# 03 打印时如何为每页表格添加 Logo

除了可以在页眉中添加公司名称，还可以添加公司的 Logo，让表格更有商务范儿。

为表格添加 Logo，同样也可以在页眉中完成，具体的操作如下。

1 在 Excel 窗口右下角单击【页面布局】按钮，进入页面布局视图。

2 将鼠标指针放在页眉区域，单击【页眉】右侧编辑框编辑页眉内容。

3 在【页眉和页脚】选项卡的功能区中单击【图片】图标。

4 选择 Logo 图片后单击【确定】按钮，图片就插入页眉中了。

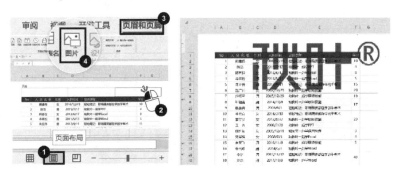

5 如果图片的大小不合适，还可以在【页眉和页脚】选项卡的功能区中单击【设置图片格式】图标，弹出【设置图片格式】对话框，选择【大小】选项卡，在【比例】组中的【高度】和【宽度】编辑框中输入合适的值。

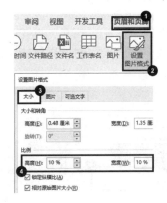

把 Logo 图片设置到合适的大小后，按快捷键 Ctrl+P 打印即可。

# 04 为每页表格都打印标题行

本例中的表格是一个"培训人员名单"，因为人数非常多，打印出来会有很多页，但是只有第 1 页有标题，后面几页都没有，查看时非常不方便。

如何在打印的时候，为每一页表格都加上标题行呢？

使用 Excel 中的【打印标题】功能，可以解决这个问题，具体操作如下。

**1** 在【页面布局】选项卡的功能区中单击【打印标题】图标。

**2** 弹出【页面设置】对话框，选择【工作表】选项卡，单击【顶端标题行】右侧的选择区域按钮，当鼠标指针变成一个黑色右箭头时选中表格中的标题行，即第一行，单击【确定】按钮。

**3** 设置完成后按快捷键 Ctrl+P，进入打印预览视图查，可以看到每一页的表格都有标题了。

# 和秋叶一起学
# 秒懂 Excel

## ▶ 第 5 章 ◀
## 排序与筛选

排序和筛选是 Excel 中非常简单且实用的功能。但是工作中实际使用时总会遇到各种各样的问题，比如：如何对合并单元格排序？如何根据"年级"进行分组排序？如何对姓名随机排序？如何筛选出重复值？

带着这些问题阅读本章，你将找到对应的答案，解决排序和筛选过程中的困扰。

# 5.1 排序

本节将从排序的基础用法开始，讲解排序的规则，并在常见的排序问题中实战讲解排序的用法。

## 01 对数据进行排序

Excel 中的排序功能可以把相同的数据按照一定的顺序排列，让原来杂乱无章的数据变得有规律。

排序的方法很简单，比如要对"语文成绩"列进行降序排序，具体操作如下。

**1** 选择"语文成绩"列中的任意一个数据，如 C2 单元格。

**2** 在【数据】选项卡的功能区中单击【降序】图标，即可完成"语文成绩"的排序。

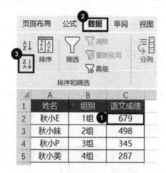

需要注意的是，在排序时，文字、数字等不同的数据内容，排序的规则是不同的，以升序排序为例。

数字的升序排序，是按照数字从小到大的顺序排列。

英文文本的升序排序，是按照英文字母 A 到 Z 的顺序排列。

| 数字 | | 数字升序 | | 英文 | | 英文升序 |
|---|---|---|---|---|---|---|
| 356 | | 118 | | Quella | | Amy Kim |
| 118 | | 228 | | Amy Kim | | Morgan |
| 228 | | 356 | | Zedd | | Quella |
| 684 | | 684 | | Morgan | | Zedd |

中文文本的升序排序，是按照拼音的字母顺序排列。

如果是多个字母、数字组成的复杂文本排序，则是按照字符从左到右依次对比排序。

比如上图所示的表格中，这些数据看上去是日期，实际是由数字、汉字、字母组合成的复杂文本。

在排序过程中，首先是按照每个单元格的第1个字符"1""2""3""1"进行排序，所以"10月WEEK01"和"1月WEEK01"排到了一起。

然后再按第2个字符"月""月""月""0"排序，因为在电脑编码里，数字、字母都比汉字要小，所以"0"排在了"月"的前面。依此类推，再对其他字符逐个对比排序。

# 02 按不同分组，进行小组排序

表格中经常需要对多列进行排序，比如下面的表格中需要：

- 按照"年级"进行"降序"排列；
- 相同"年级"的按照"班级"进行"升序"排列。

| 姓名 | 年级 | 班级 | 语文成绩 |
|------|------|------|----------|
| 秋小E | 1年级 | 1班 | 99 |
| 秋小妹 | 3年级 | 3班 | 98 |
| 秋小P | 4年级 | 1班 | 96 |
| 秋小美 | 1年级 | 2班 | 97 |
| 秋小乖 | 2年级 | 1班 | 95 |
| 秋小舒 | 3年级 | 2班 | 99 |

| 姓名 | 年级 | 班级 | 语文成绩 |
|------|------|------|----------|
| 秋小P | 4年级 | 1班 | 96 |
| 秋小舒 | 3年级 | 2班 | 99 |
| 秋小妹 | 3年级 | 3班 | 98 |
| 秋小乖 | 2年级 | 1班 | 95 |
| 秋小E | 1年级 | 1班 | 99 |
| 秋小美 | 1年级 | 2班 | 97 |

面对不同条件的排序时，如何进行高效排序？

当遇到多个不同的排序条件时，可以使用自定义排序功能，方便地设置多个排序条件，具体操作如下。

**1** 单击数据区域中的任意一个单元格，如 A1 单元格。

**2** 在【数据】选项卡的功能区中单击【排序】图标。

**3** 弹出【排序】对话框，单击【主要关键字】右边的下拉按钮，选择【年级】命令；单击【排序依据】下方的下拉按钮，选择【单元格值】命令；单击【次序】下方的下拉按钮，选择【降序】命令。

**4** 单击【确定】按钮。

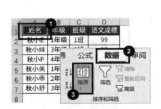

这样，第 1 个排序条件就设置好了，接下来添加第 2 个排序条件。

**5** 在【排序】对话框中单击【添加条件】按钮新增一个条件，单击【次要关键字】右边的下拉按钮，选择【班级】命令；单击【排序依据】下方的下拉按钮，选择【单元格值】命令；单击【次序】下方的下拉按钮，选择【升序】命令，单击【确定】按钮。

排序过程中，【主要关键字】要比【次要关键字】的优先级更高，所以就实现了先按照"年级"降序排序，然后再按"班级"升序排序的需求。

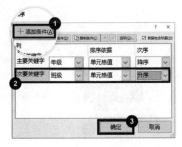

| 姓名 | 年级 | 班级 | 语文成绩 |
|------|------|------|----------|
| 秋小P | 4年级 | 1班 | 96 |
| 秋小舒 | 3年级 | 2班 | 99 |
| 秋小妹 | 3年级 | 3班 | 98 |
| 秋小乖 | 2年级 | 1班 | 95 |
| 秋小E | 1年级 | 1班 | 99 |
| 秋小美 | 1年级 | 2班 | 97 |

另外，还可以基于单元格的其他属性，比如单元格颜色、字体颜色、条件格式图标等，实现更多的排序需求。

# 03 让数据按照指定的顺序排序

表格中的部门、职位等，通常都是有指定顺序的，不能按照表格默认的字符大小排序。

比如本例中，表格中的"部门"列若按照升序排序，会按照汉字的拼音字母排序，"技术部"会排在最上面。

但是公司要求按照下图右边指定顺序排序，该如何实现呢？

使用自定义序列功能，可以轻松地解决这个问题，具体操作如下。

**1** 选择数据区域。

**2** 在【数据】选项卡的功能区中单击【排序】图标。

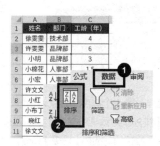

**3** 弹出【排序】对话框，单击【主要关键字】右边的下拉按钮，选择【部门】命令；单击【排序依据】下方的下拉按钮，选择【单元格值】命令。

**4** 注意，这一步是关键，单击【次序】下方的下拉按钮，选择【自定义序列】命令。

**5** 弹出【自定义序列】对话框，在【自定义序列】列表框中选择自定义的部门序列，单击【确定】按钮即可。

添加自定义序列

【自定义序列】列表框中的部门序列默认是没有的，需要按照下面的方法手动添加到【自定义序列】中。

**1** 在【文件】选项卡的功能区中单击【选项】命令。弹出【Excel 选项】对话框，单击【高级】选项卡，在【常规】模块中单击【编辑自定义列表】按钮。

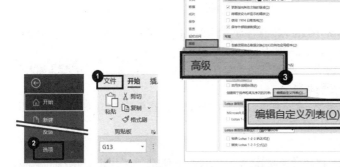

**2** 弹出【自定义序列】对话框，在【输入序列】列表框中输入序列，然后单击【添加】按钮；如果单元格中有现成的数据信息，也可以选择数据信息所在的单元格区域，单击【导入】按钮，可添加自定义序列。

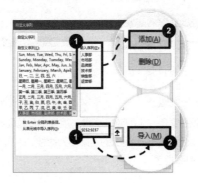

# 04 对人名进行随机排序

公司年会抽奖时，经常需要把员工名单顺序打乱，让每个人都有中奖机会。

| 姓名 | 部门 | 工龄（年） |
|---|---|---|
| 小明 | 人事部 | 1.5 |
| 小红 | 人事部 | 5 |
| 徐文文 | 品牌部 | 3 |
| 许文文 | 品牌部 | 6 |
| 小棉花 | 技术部 | 4 |
| 许雯雯 | 销售部 | 1 |
| 小布丁 | 销售部 | 3 |
| 小宏 | 运营部 | 5 |
| 徐雯雯 | 行政部 | 2 |
| 晓红 | 行政部 | 2 |

在 Excel 表中打乱数据顺序非常简单，使用【排序】功能加 RAND 函数就可以轻松实现，具体操作如下。

1 将鼠标指针放在 B 列的列标上，单击鼠标右键，在弹出的菜单中选择【插入】命令，插入一个辅助列。

2 选择 B2 单元格，输入如下公式，将鼠标指针放在单元格右下角，双击填充柄填充公式。

=RAND()

3 选择 B2 单元格，在【数据】选项卡的功能区中单击【升序】图标，完成随机排序。

RAND 函数用来生成 0 ~ 1 的随机小数，因为小数是随机的，所以使用【升序】排序后，得到的顺序自然也是随机的。排序的时候"姓名"列也会随着排序，这就实现了打乱名单的需求了。

# 05 排序时 1 号后面不是 2 号，而是变成了 10 号，怎么办

在进行数据排序时，经常遇到一种很头疼的情况：数据不是按照 1、2、3……序列排列的，而是在 1 后面出现了 10、11 等情况。

并且无论怎样调整排列规则都没有办法调整，这时该如何处理？

| 编号 | 姓名 | | 编号 | 姓名 |
|---|---|---|---|---|
| 10号 | 唯一 | | 1号 | 三三 |
| 11号 | 小五 | | 2号 | 燕小六 |
| 1号 | 三三 | | 3号 | 飞扬 |
| 2号 | 燕小六 | | 4号 | 彩虹 |
| 3号 | 飞扬 | | 5号 | 彩霞 |
| 4号 | 彩虹 | | 10号 | 唯一 |
| 5号 | 彩霞 | | 11号 | 小五 |

表格中的"编号"是由数字和汉字组合而成，所以排序的时候不是按照数字顺序排序，而是按照文本的方式排序的，从左边第 1 个字符开始逐一地对比和排序。

解决的方法就是把数字单独提取出来，然后按照数字顺序排序，具体的操作如下。

■ 选中 C2 单元格。

■ 在编辑栏中输入如下公式，按 Enter 键。

=--LEFT(A2,LEN(A2)-1)

■ 将鼠标指针放在单元格右下角，指针变成黑色加号形状时，双击鼠标填充公式。

■ 选择 C2 单元格，在【数据】选项卡的功能区中单击【升序】图标，按照辅助列进行排序即可。

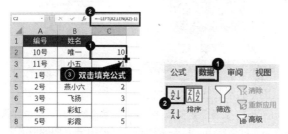

公式的作用是把数字单独提取出来，具体的原理如下。

■ 使用 LEFT 函数提取"编号"中左侧指定长度的字符。

=LEFT(A2, 数字长度 )

■ "编号"中的数据都包含"号"字，所以数字的长度，可以使用 LEN 函数计算出总长度，再减"1"。

数字长度 = LEN(A2)-1

■ 数字提取出来之后是文本格式的，在公式前面加上"--"，对数字两次取反，在保持数字不变的情况下，把文本转换成数值。然后就可以按照数字顺序进行排序了。

=--LEFT(A2,LEN(A2)-1)

# 5.2 筛选

筛选这个技巧本身并不难，本节会在筛选的基本用法上，拓展更多高级的用法，如筛选重复值、多列数据筛选。

## 01 同时对多列数据进行多条件筛选

筛选是 Excel 中非常常用的一个操作，可以把需要的数据快速筛选出来。

筛选操作起来也非常的简单。在【数据】选项卡的功能区中单击【筛选】图标，进入筛选状态。然后单击标题行单元格右侧的筛选按钮，根据需要筛选数据，就可以了。

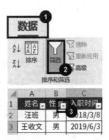

| 姓名 | 性别 | 入职时间 | 基本工资 |
|------|------|----------|----------|
| 汪班 | 男 | 2018/3/8 | 3500.00 |
| 王收文 | 男 | 2019/6/3 | 4500.00 |
| 汪小娇 | 女 | 2019/8/7 | 3500.00 |
| 许文文 | 男 | 2018/6/9 | 3000.00 |
| 王慧慧 | | | |
| 小棉花 | | | |
| 小明 | | | |
| 小宏 | 女 | | 5000.00 |

筛选2018年入职员工

| 姓名 | 性别 | 入职时间 | 基本工资 |
|------|------|----------|----------|
| 汪班 | 男 | 2018/3/8 | 3500.00 |
| 许文文 | 男 | 2018/6/9 | 3000.00 |

这是简单的筛选，如果筛选的条件非常多，筛选的操作难度也会复杂很多。

比如下图所示的表格中，要筛选出名单中 2018 年入职的男员工，应该如何筛选？

| 姓名 | 性别 | 入职时间 | 基本工资 |
|------|------|----------|----------|
| 汪班 | 男 | 2018/3/8 | 3500.00 |
| 王收文 | 男 | 2018年 | 4500.00 |
| 汪小娇 | 女 | 2019/8/7 | 3500.00 |
| 许文文 | 男 | 2018/6/9 | 3000.00 |
| 王慧慧 | 女 | 2014/7/8 | 4500.00 |
| 小棉花 | 男 | 2020/1/1 | 4000.00 |
| 小明 | 男 | 2016/4/9 | 3000.00 |
| 小宏 | 女 | 2015/5/6 | 5000.00 |

这个难度并不大，我们只需要按照数据列依次做筛选就可以了，具体操作如下。

**1** 选择数据区域中的任意一个单元格，如 C2 单元格。

**2** 在【数据】选项卡的功能区中单击【筛选】图标，出现筛选按钮。

**3** 先单击【性别】标题单元格右侧的筛选按钮，在弹出的菜单中仅选择【男】选项；再单击【入职时间】标题单元格右侧的筛选按钮，在弹出的菜单中仅选择【2018】选项。

这样 2018 年入职的男员工就被筛选出来了。

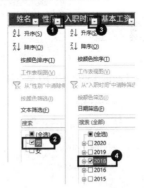

这是对不同列的多条件筛选，如果对同一列数据按不同条件筛选，操作方法则不同。

比如下图所示的表格中，要同时把姓"王"或"汪"的名单筛选出来，应这样操作。

| 姓名 | 性别 | 入职时间 | 基本工资 |
| --- | --- | --- | --- |
| 汪班 | 男 | 2018/3/8 | 3500.00 |
| 王收文 | 男 | 2019/6/3 | 4500.00 |
| 汪小娇 | 女 | 2019/8/7 | 3500.00 |
| 许文文 | 男 | 2018/6/9 | 3000.00 |
| 王慧慧 | 女 | 2014/7/8 | 4500.00 |
| 小棉花 | 男 | 2020/1/1 | 4000.00 |
| 小明 | | | 3000.00 |
| 小宴 | | | 5000.00 |

筛选"王"或"汪"姓人员

| 姓名 | 性别 | 入职时间 | 基本工资 |
| --- | --- | --- | --- |
| 汪班 | 男 | 2018/3/8 | 3500.00 |
| 王收文 | 男 | 2019/6/3 | 4500.00 |
| 汪小娇 | 女 | 2019/8/7 | 3500.00 |
| 王慧慧 | 女 | 2014/7/8 | 4500.00 |

**1** 单击【姓名】标题单元格右侧的筛选按钮，在弹出的菜单的【搜索】编辑框中输入"王*"，单击【确定】按钮，把"王"姓的名字筛选出来。

**2** 单击【姓名】标题单元格右侧的筛选按钮，在弹出的【搜索】编辑框中输入"汪*"，一定要在下方列表中选择【将当前所选内容添加到筛选器】选项，然后单击【确定】按钮，这样可以在当前筛选结果的基础上，把"汪"姓的记录也一起筛选出来。

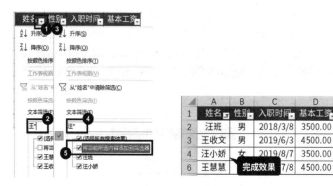

如果想要取消筛选，在【数据】选项卡的功能区中单击【清除】图标即可。

# 02 快速筛选出重复数据

表格中的数据经常会出现重复值，导致数据统计不准确。

比如下图所示的表格中，部分姓名出现了多次成绩信息，如何通过【筛选】功能找出这些重复的成绩信息呢？

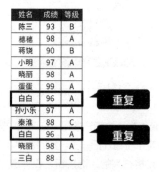

Excel 的筛选功能本身无法直接筛选重复值，我们可以通过 COUNTIF 函数统计每个姓名出现的次数，然后筛选出现次数大于 1 的记录就可以了。

**1** 选择 D1 单元格，并输入字段标题"辅助列"。

**2** 选择 D2 单元格，在编辑栏中输入公式，并按 Enter 键。

　　=COUNTIF(A:A,A2)

　　这样就通过 COUNTIF 函数，把每个姓名出现的次数统计出来了。其中大于
1 的数据就是重复的记录。

**3** 将鼠标指针放在单元格右下角，当指针变成黑色加号形状时，双击鼠标向下填
充公式。

**4** 选择辅助列的标题（D1 单元格），在【数据】选项卡的功能区中单击【筛选】
图标，出现筛选按钮，单击【辅助列】标题单元格右侧的筛选按钮，在弹出的菜
单中取消选择【1】选项，单击【确定】按钮，就把重复的数据筛选出来了。

# 和秋叶一起学 秒懂 Excel

## ▶▶ 第 6 章 ◀◀
## 数据透视表

Excel 的功能有很多，并不是所有的功能都要学习。如果说 Excel 中有一个功能是每个人都不能错过的，那肯定是数据透视表！

数据透视表是一种交互式的表格，只需要用鼠标拖曳字段到指定区域，就可以高效地完成数据统计。整个过程不需要写任何函数公式，只要明确了统计的需求，就能快速完成统计。

当原始数据发生变化时，在数据透视表中刷新即可同步更新统计结果。

本章将带你从零开始学习强大的数据透视表功能。

# 6.1 数据透视表基础

学习数据透视表的第一步是创建数据透视表，以及弄明白不同字段在统计区域中的放置方式。

## 01 怎么用数据透视表统计数据

我们在做汇报前，都需要对数据进行分类统计。这时你还在一点一点手动求和？或者手动键入各种公式来运算？

推荐使用数据透视表，只需要动几下鼠标就可以得到完美的统计结果。

以下图所示的表格为例，要统计各个产品的销售金额总和。

使用数据透视表可以快速得到统计结果，具体操作如下。

| | A | B | C | D | E |
|---|---|---|---|---|---|
| 1 | 日期 | 产品 | 单价 | 数量 | 金额 |
| 2 | 2019/1/1 | 喷雾 | 50 | 10 | 500 |
| 3 | 2019/1/2 | 茉莉花茶 | 35 | 2 | 70 |
| 4 | 2019/1/3 | 喷雾 | 50 | 5 | 250 |
| 5 | 2019/1/4 | 茉莉花茶 | 35 | 6 | 210 |
| 6 | 2019/1/5 | 乌龙茶 | 30 | 5 | 150 |
| 7 | 2019/1/6 | 爽肤水 | 80 | 5 | 400 |
| 8 | 2019/1/7 | 乌龙茶 | 30 | 4 | 120 |
| 9 | 2019/1/8 | 爽肤水 | 80 | 7 | 560 |
| 10 | 2019/1/9 | 面膜 | 90 | 10 | 900 |
| 11 | 2019/1/10 | 原始数据 | | 11 | 1045 |
| 12 | 2019/1/11 | 面膜 | 90 | 5 | 450 |
| 13 | 2019/1/12 | 眼贴 | 95 | 6 | 570 |

| | A | B | C | D | E |
|---|---|---|---|---|---|
| 19 | 产品 | 销售金额 | | | |
| 20 | 防晒霜 | 2040 | | | |
| 21 | 面膜 | 1350 | | | |
| 22 | 面霜 | 1430 | | | |
| 23 | 茉莉花茶 | 280 | | 统计结果 | |
| 24 | 喷雾 | 750 | | | |
| 25 | 爽肤水 | 960 | | | |
| 26 | 乌龙茶 | 270 | | | |
| 27 | 眼贴 | 1615 | | | |

**1** 选择数据区域中的任意一个单元格，在【插入】选项卡的功能区中单击【数据透视表】图标。

**2** 弹出【创建数据透视表】对话框，选择【新工作表】选项，单击【确定】按钮，创建一个空白数据透视表。

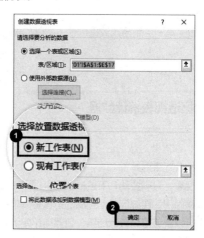

**3** 选择数据透视表中的任一单元格，在右边的【数据透视表字段】面板中，将【产品】字段拖曳到【行】区域中，将【金额】字段拖曳到【值】区域中，数据的统计就轻松完成了。

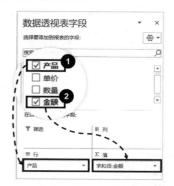

　　掌握数据透视表技术的关键是要明确【数据透视表字段】面板的使用方法。该面板主要分为两部分。

- 字段列表：对应原始表格中的各列的标题名称。

- 分类区域：【筛选】区域用来对数据进行筛选，改变统计的筛选条件；【行】区域和【列】区域是统计维度区域，比如常见的部门、地区、产品名称等；【值】区域是数据统计区域，可以对"数量""金额"等数据进行求和、计数、求平均值等计算。

明白了用法之后，透视表就像是"积木"一样，通过调整字段的位置、数据透视表的布局，就可以轻松完成各种形式的统计！

## 02 在数据透视表中快速统计销售总数

在统计数据时，按照指定字段进行分类统计是非常高频的操作。

如本例中，要统计每个产品的总销量，如何用数据透视表快速地统计呢？

| ▲ | A | B | C | D | E |
|---|---|---|---|---|---|
| 1 | 日期 | 产品 | 单价 | 数量 | 金额 |
| 2 | 2019/1/1 | 喷雾 | 50 | 10 | 500 |
| 3 | 2019/1/2 | 茉莉花茶 | 35 | 2 | 70 |
| 4 | 2019/1/3 | 喷雾 | 50 | 5 | 250 |
| 5 | 2019/1/4 | 茉莉花茶 | 35 | 6 | 210 |
| 6 | 2019/1/5 | 乌龙茶 | 30 | 5 | 150 |
| 7 | 2019/1/6 | 爽肤水 | 80 | 5 | 400 |
| 8 | 2019/1/7 | 乌龙茶 | 30 | 4 | 120 |
| 9 | 2019/1/8 | 爽肤水 | 80 | 7 | 560 |
| 10 | 2019/1/9 | | | 10 | 900 |
| 11 | 2019/1/10 | | | 11 | 1045 |
| 12 | 2019/1/11 | 面膜 | 90 | 5 | 450 |
| 13 | 2019/1/12 | 眼贴 | 95 | 6 | 570 |

原始数据

| ▲ | A | B | C | D | E |
|---|---|---|---|---|---|
| 19 | 产品 | 销售金额 | | | |
| 20 | 防晒霜 | 17 | | | |
| 21 | 面膜 | 15 | | | |
| 22 | 面霜 | 13 | | | |
| 23 | 茉莉花茶 | 8 | | | |
| 24 | 喷雾 | 15 | | | |
| 25 | 爽肤水 | 12 | | | |
| 26 | 乌龙茶 | 9 | | | |
| 27 | 眼贴 | 17 | | | |

统计结果

**1** 选择数据区域中的任意一个单元格，在【插入】选项卡的功能区中单击【数据透视表】图标。

**2** 弹出【创建数据透视表】对话框，直接单击【确定】按钮即可插入一个新的数据透视表。

**3** 在【数据透视表字段】面板中，把【产品】字段拖曳到【行】区域，【数量】字段拖曳到【值】区域，就完成了分类统计。

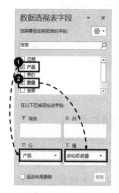

| 行标签 | 求和项:数量 |
|---|---|
| 防晒霜 | 17 |
| 面膜 | 15 |
| 面霜 | 13 |
| 茉莉花茶 | 8 |
| 喷雾 | 15 |
| 爽肤水 | 12 |
| 乌龙茶 | 9 |
| 眼贴 | 17 |
| 总计 | 106 |

　　如果把【金额】字段拖曳到【值】区域中，还可以快速统计出每个产品的销售总额。

　　数据透视表就是这么简单，鼠标拖曳一下，就完成了不同的数据统计。

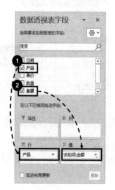

| 行标签 | 求和项:金额 |
|---|---|
| 防晒霜 | 2040 |
| 面膜 | 1350 |
| 面霜 | 1430 |
| 茉莉花茶 | 280 |
| 喷雾 | 750 |
| 爽肤水 | 960 |
| 乌龙茶 | 270 |
| 眼贴 | 1615 |
| 总计 | 8695 |

# 03 数据透视表的字段面板没了，如何显示出来

在制作数据透视表时，如果不小心把右侧的数据透视表字段面板关掉了，再选择透视表的时候，右侧就不会显示这个面板了。

如何将消失的字段面板调出来？其实非常简单。

**1** 选择数据透视表中的任意一个单元格。

**2** 在【数据透视表分析】选项卡的功能区中单击【字段列表】图标，即可显示字段面板，再次单击可隐藏字段面板。

同理，和【字段列表】同一组的【+/- 按钮】【字段标题】按钮也是一个"开关"，单击可以显示或隐藏对应的选项。

# 04 插入数据透视表时系统提示"字段名无效",怎么办

在【插入】选项卡的功能区中单击【数据透视表】图标,有时会出现数据透视表字段名无效的提示信息。遇见这类问题该如何解决呢?

出现字段名无效的提示信息,通常是因为原始数据的表头中有空白单元格,而空白单元格在数据透视表的字段列表中是无效的。

解决的方法也非常简单:给空白单元格输入对应的标题名称。

不过空白单元格可能会以另外一种不太容易发现的形式出现,那就是"合并单元格",比如下图所示的表格中,数据的表头看上去都是完整的,没有空白单元格。

| 地区 | 项链1 | 项链2 | 围巾 | 手套 |
|---|---|---|---|---|
| 华北 | 8803 | 7661 | 4462 | 4573 |
| 华东 | 6678 | 1120 | 8573 | 4472 |
| 华南 | 2138 | 3371 | 2721 | 9762 |

合并单元格

| 地区 | 项链 | | 围巾 | 手套 |
|---|---|---|---|---|
| 华北 | 8803 | 7661 | 4462 | 4573 |
| 华东 | 6678 | 1120 | 8573 | 4472 |
| 华南 | 2138 | 3371 | 2721 | 9762 |

但是仔细观察会发现,"项链"是 B1 和 C1 组成的合并单元格,把单元格取消合并之后,空白单元格就出现了。

处理这类问题的操作方法如下。

**1** 选择 B1 单元格。

| 地区 | 项链 | | 围巾 | 手套 |
|---|---|---|---|---|
| 华北 | 8803 | 7661 | 4462 | 4573 |
| 华东 | 6678 | 1120 | 8573 | 4472 |
| 华南 | 2138 | 3371 | 2721 | 9762 |

| B1 | | × | ✓ | fx | ^项链 |

| | A | B | C | D |
|---|---|---|---|---|
| 1 | 地区 | 项链 | | 围巾 |
| 2 | 华北 | 8803 | 7661 | 4462 |
| 3 | 华东 | 6678 | 1120 | 8573 |
| 4 | 华南 | 2138 | 3371 | 2721 |

**2** 在【开始】选项卡的功能区中单击【合并后居中】图标,取消合并单元格。

**3** 为空白单元格填写对应的标题。

| 地区 | 项链 | 项链2 | 围巾 | 手套 |
|------|------|-------|------|------|
| 华北 | 8803 | 7661 | 4462 | 4573 |
| 华东 | 6678 | 1120 | 8573 | 4472 |
| 华南 | 2138 | 3371 | 2721 | 9762 |

# 05 为什么数据透视表不能按月汇总数据

针对日期类型的数据用透视表做统计的时候，可以在日期列中单击鼠标右键，选择【组合】命令，在弹出的【组合】对话框中选择不同的日期单位，如【月】，快速地按月汇总数据。

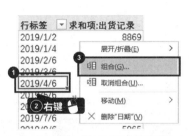

但是组合过程中有时会出现"选定区域不能分组"的提示，无法按照【月】进行汇总数据，此时该如何处理？

透视表中【组合】分类统计的功能，只对规范的日期类数据起作用，即用"-"或"/"连接年月日的日期。比如"2020/5/6""2020-5-6"。

如果数据中的日期是"2020.5.6""20200506"等不规范格式，或者有非日期的格式内容、空白单元格，都会导致【组合】功能无法使用。

解决的方法就是把不规范的日期转成格式规范的日期，具体操作如下。

**1** 选择 A2:A10 单元格区域，按快捷键 Ctrl+H，打开【查找和替换】对话框。

**2** 在【查找内容】编辑框中输入".",在【替换为】编辑框中输入"-",单击【替换】按钮。通过替换的方式,把日期转成规范的格式。

**3** 保持 A2:A8 单元格区域的选中状态,在【数据】选项卡的功能区中单击【分列】图标。

**4** 弹出【文本分列向导】对话框,单击两次【下一步】按钮,在【文本分列向导 – 第 3 步,共 3 步】中设置【列数据格式】为【日期】→【YMD】,单击【完成】按钮,完成"20200506"日期格式的转换。

**5** 数据整理完成之后,选择透视表中的任意一个单元格,单击鼠标右键,选择【刷新】命令。

**6** 再次在透视表的日期列中单击鼠标右键,选择【组合】命令,弹出【组合】对话框,选择【月】命令,单击【确定】按钮,这个时候就可以正常地按照不同日期单位进行分组统计了。

　　总结一下,在数据透视表里组合日期列的时候,一定要注意日期列所包含的内容与格式,才能顺利完成组合操作。

# 6.2 快速统计数据

数据透视表的强项是完成多维度数据的复杂统计,本节通过年度、季度统计等案例,带你认识数据透视表强大的统计功能。

## 01 按照班级、年级统计及格和不及格的人数

本例中,需要按照不同年级、班级,统计成绩及格和不及格的人数,如何使用数据透视表快速实现呢?

这是一个多维度的数据统计,使用数据透视表中的【行】【列】区域,可以很方便地完成统计,具体操作如下。

**1** 选择数据区域中的任意一个单元格,在【插入】选项卡的功能区中单击【数据透视表】图标。

**2** 弹出【创建数据透视表】对话框,直接单击【确定】按钮,创建一个空白的数据透视表。

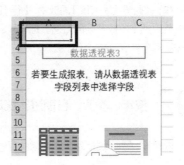

3 选择数据透视表中的任意一个单元格，在【数据透视表字段】面板中，将【姓名】【年级】【班级】【分数状态】字段分别拖曳到【行】【列】【值】区域中，完成数据统计。

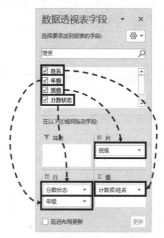

4 确保数据透视表为选中状态，单击【设计】选项卡功能区中的【报表布局】按钮，选择【以表格形式显示】命令，调整数据透视表的布局即可。

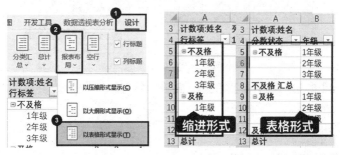

在【数据透视表字段】面板中，【行】区域就是把统计字段放在行的方向，【列】区域就是把字段放在列的方向，把字段分别放在【行】和【列】区域，就可以轻松实现多个维度的数据统计了。

## 02 按年、季度、日期进行统计

做月报、季度统计是让人非常头疼的事情，因为要按照月、季度一个一个地统计数据。

在数据透视表中使用【组合】功能，可以快速实现年度、季度、月份的数据统计，具体操作如下。

**1** 选择数据区域中的任意一个单元格，在【插入】选项卡的功能区中单击【数据透视表】图标，弹出【创建数据透视表】对话框，直接单击【确定】按钮，插入一个空白的数据透视表。

**2** 选择数据透视表中的任意一个单元格，在【数据透视表字段】面板中，将【日期】【支出】【收入】字段分别拖曳到【行】和【值】区域中。

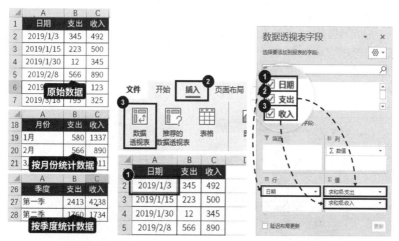

**3** 选择【行标签】中的任意一个单元格，单击鼠标右键，选择【组合】命令。弹出【组合】对话框，在【步长】列表框中选择【月】命令，单击【确定】按钮，即可快速按月份统计。

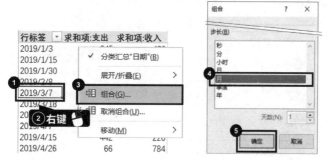

使用数据透视表最方便的是，如果表格中的数据更新了，只需要在透视表的

统计结果中单击鼠标右键，在弹出的菜单中选择【刷新】命令，就可以同步更新数据。

# 03 在数据透视表中显示数量的占比

求数据占比是在处理数据时经常使用的报表展示场景。

比如下图所示的表格中，想要计算每个分类花销的费用（元）占总计的百分比，如何用透视表快速实现呢？

使用透视表的【值显示方式】功能可以很方便地实现，具体操作如下。

**1** 选择数据区域中的任意一个单元格，在【插入】选项卡的功能区中单击【数据透视表】图标，弹出【创建数据透视表】对话框，直接单击【确定】按钮，新建一个空白的数据透视表。

**2** 在【数据透视表字段】面板中，将【分类】【花销】字段分别拖曳到【行】和【值】区域中。

**3** 在透视表的【求和项：花销】列中选择任意一个单元格，单击鼠标右键，然后选择【值显示方式】→【总计的百分比】命令。

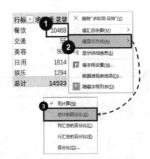

这样透视表就会根据统计的结果，自动计算每个分类占总计的百分比了。

# 6.3 布局排版

数据透视表统计数据确实速度非常快，但是数据透视表的表格样式和普通的统计表格差别很大，比如字段标题中自动出现"求和项："，相同标签没有合并等。

这些都属于数据透视表布局排版的问题，也是本节要介绍的主要内容。

## 01 把数据透视表中的"求和项："去掉

使用数据透视表统计数据时，【值】区域的数据标题会自动出现"求和项："，如果直接删除"求和项："这几个字符，按 Enter 键后，系统会提示"已有相同数据透视表字段名存在"。

怎样可以将透视表中的"求和项："去掉？

"求和项:"是用来标注当前值字段的计算方式的,删除之后标题变成"花销",会和【数据透视表字段】面板中的字段重复，所以无法直接删除。

正确的方法是把值字段标题改成和原始数据标题不同的名称，最常见的做法就是在值字段标题前面添加一个"空格"，具体操作如下。

选择值字段标题（E2 单元格），在编辑栏中删除"求和项："，并在"花销"前面输入一个空格，按 Enter 键。

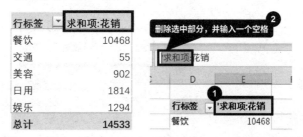

如果统计的值字段比较多，一个个修改比较麻烦，也可以使用查找替换的方法，批量地修改。

按快捷键 Ctrl+H，打开【查找和替换】对话框，在【查找内容】编辑框中输入"求和项："，在【替换为】编辑框中输入一个空格，然后单击【全部替换】按钮即可。

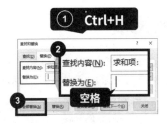

删除了"求和项："之后，数据透视表看上去整洁多了。

# 02 合并数据透视表中相同的单元格

把相同类型的数据合并到一个单元格中，会让表格排版更美观，如图所示。

但是在把数据透视表布局调整为"以表格形式显示"后，尝试合并单元格时，会提示无法对所选单元格进行此更改，无法合并。如何合并透视表中的相同单元格呢？

| 月份 | 部门 | 求和项:销量 |
|---|---|---|
| 1月 | 丙组 | 1123 |
| | 独立团 | 2890 |
| | 甲组 | 983 |
| | 乙组 | 2235 |
| 2月 | 丙组 | 5432 |
| | 独立团 | 4229 |
| | 甲组 | 1245 |
| | 乙组 | 2331 |
| 3月 | 丙组 | 2235 |
| | 甲组 | 4315 |
| | 乙组 | 2254 |
| 总计 | | 29272 |

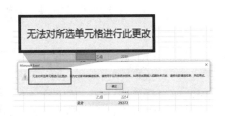

在数据透视表中是无法直接合并单元格的，但是可以借助【布局和格式】选项来实现，具体操作如下。

**1** 选择数据透视表中的任意一个单元格。

**2** 在【设计】选项卡的功能区中单击【报表布局】图标→【以表格形式显示】命令，修改数据透视表的布局。

**3** 在数据透视表的任意一个单元格中单击鼠标右键，选择【数据透视表选项】命令。

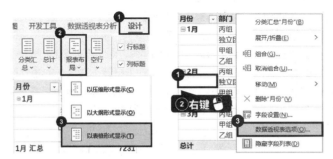

**4** 弹出【数据透视表选项】对话框，单击【布局和格式】选项卡，选择【合并且居中排列带标签的单元格】选项，单击【确定】按钮即可。

这样操作后，数据透视表中相同类别的数据就合并到一个单元格里了，表格变得美观又整洁。

# 03 美化数据透视表的统计结果

数据透视表创建好之后，数据默认会"挤"在一列中，和平常所用的报表中的统计结果不一样，非常不好看。

| 行标签 | ↓↑ | 求和项：销量 |
| --- | --- | --- |
| ⊟1月 | | 7231 |
| | 甲组 | 983 |
| | 丙组 | 1123 |
| | 乙组 | 2235 |
| | 独立团 | 2890 |
| ⊟2月 | | 13237 |
| | 甲组 | 1245 |
| | 乙组 | 2331 |
| | 独立团 | 4229 |
| | 丙组 | 5432 |
| 总计 | 数据透视表 | 20468 |

| 月份 | 部门 | 销量 |
| --- | --- | --- |
| 1月 | 甲组 | 983 |
| 1月 | 乙组 | 2235 |
| 1月 | 丙组 | 1123 |
| 1月 | 独立团 | 2890 |
| 2月 | 甲组 | 1245 |
| 2月 | 乙组 | 2331 |
| 2月 | 丙组 | 5432 |
| 2月 | 独立团 | 4229 |

好看的统计表

数据透视表的美化功能基本都在【设计】选项卡中，以上面的表格为例，透视表美化的具体操作如下。

**1** 插入一个数据透视表，设置数据透视表的字段，完成数据统计。

**2** 选择数据透视表中的任意一个单元格，在【设计】选项卡的功能区中单击【报表布局】图标→【以表格形式显示】命令，将数据表从默认的压缩状态改为表格状态，执行类似操作，选择【重复所有项目标签】命令。

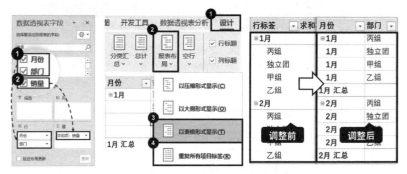

**3** 在【设计】选项卡的功能区中单击【分类汇总】图标→【不显示分类汇总】命令，可以取消显示汇总行。

**4** 在【设计】选项卡的功能区中单击【总计】图标→【对行和列禁用】命令，可以取消显示总计行。

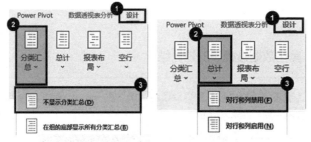

**5** 在【设计】选项卡功能区中的【数据透视表样式】选项中单击任意的样式，可以调整数据透视表整体的配色，成为与主题一致的表格，整体更整洁美观。

总结一下，数据透视表的美化可以从下面几个方面着手，让表格更美观。

- 报表布局；
- 分类汇总；
- 总计；
- 数据透视表样式。

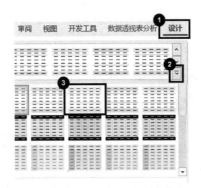

另外透视表单元格数值的格式、字体、填充颜色等，根据实际需要调整即可。

# 04 把数据透视表的结果引用到指定表格模板中

用数据透视表统计数据确实非常方便，但是数据透视表的格式和公司报表模板要求的格式通常差异比较大。

领导硬性要求，必须按照模板样式统计数据，这时如何把透视表的统计结果引用到指定的模板中呢？

数据透视表中有一个专属的函数 GETPIVOTDATA，可以实现这个需求，并且可以和透视表同步更新数据。

以上图所示的表格为例，要把数据透视表的结果引用到右边的模板中，具体操作如下。

**1** 选择 I5 单元格，按 = 键，然后在数据透视表中单击 F4 单元格，按 Enter 键完成公式编写。

完整的公式如下：

=GETPIVOTDATA(" 积分余额 ",$E$3," 店铺 "," 北广场店 ")

GETPIVOTDATA 函数的作用就是引用数据透视表中的数据。

**2** 在 Excel 的编辑栏中将参数中的"北广场店"改成"H5",然后按 Enter 键完成公式编辑。

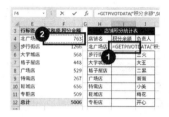

将"北广场店"改为H5

**3** 将鼠标指针放在单元格右下角,当指针变成黑色加号形状时,向下拖曳鼠标填充公式,透视表的数据就被批量引用过来了。

**注意:**

如果引用数据透视表的时候,未出现 GETPIVOTDATA 函数,在【数据透视表分析】选项卡的功能区中单击【选项】图标旁边的下拉按钮,选择【生成 GetPivotData】命令即可。

# 05 把表格拆分成多个工作表

有时我们需要把一个工作表按照指定列拆分成多个工作表。比如下图所示的表格中,要按照车间把数据拆分成单独的"车间"工作表,如何批量完成?

　　利用数据透视表中的【显示报表筛选页】功能，可以批量实现工作表拆分的需求，具体操作如下。

**1** 选择数据中的任意一个单元格。

**2** 在【插入】选项卡的功能区中单击【数据透视表】图标，弹出【创建数据透视表】对话框，直接单击【确定】按钮，创建一个数据透视表。

**3** 选择数据透视表中的任意一个单元格，把【车间】【员工姓名】【产量】字段分别拖曳到【筛选】【行】【值】区域，完成数据统计。

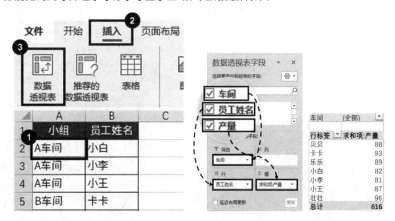

**4** 选择数据透视表中的任意一个单元格，在【分析】选项卡的功能区中单击【选项】图标右侧的下拉按钮，单击【显示报表筛选页】命令，在弹出的【显示报表筛选页】对话框中选择【车间】，单击【确定】按钮，就可以按车间批量生成多个工作表。

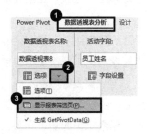

　　在单击【显示报表筛选页】命令后，显示的对话框中列出的是【数据透视表字段】面板中【筛选】区域的字段名称，因此如果后续想按照其他列拆分数据，把对应的字段拖曳到【筛选】区域就可以了。

和秋叶一起学

秒懂Excel

# 第 7 章 图表美化

字不如表，表不如图。表格中的数据可以做到精准的统计，想要把数据背后的信息快速地传递给他人，还是要用可视化的图表呈现。

生活和工作中的图表随处可见，手机中各个 App 耗电时间对比使用的是图表，春节电影票房的排行榜使用的是图表，就连年终总结的 PPT 中，领导也偏爱看图表。

所以掌握图表制作技巧，是 Excel 学习过程中必须要经历的。本章将从图表基础开始，结合常见的图表问题，带大家一起学习图表制作的实用技巧。

# 7.1 图表操作基础

本节主要讲解如何在 Excel 中创建图表，以及如何选择合适的图表类型。掌握了这些知识，才能做出既好看又直观的图表。

## 01 如何在 Excel 中插入图表

相较于单调的数据，图表有着更直观、更容易理解的优点。在各种行业汇报、工作总结中，图表也成了必不可少的元素。

比如本例中，表格中的数据用右侧的图表呈现就变得非常清晰了。这个图表做起来也不难，具体操作如下。

选择数据区域中的任意一个单元格，在【插入】选项卡的功能区中单击【簇形柱状图】图标，在弹出的菜单中单击图标按钮即可生成图表。

如果图表制作完成之后，发现条形图能更直观地显示哪种办公耗材的销量更多，想把图表类型换成条形图，应该怎么操作呢？

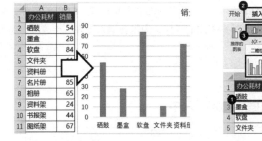

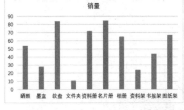

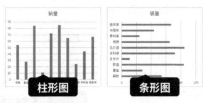

使用更改图表类型功能可以轻松实现，具体操作如下。

**1** 选中图表，在【图表设计】选项卡的功能区中单击【更改图表类型】图标。

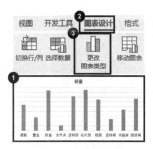

**2** 弹出【更改图表类型】对话框，单击【条形图】中的【簇状条形图】，单击【确定】按钮即可将柱形图改为条形图。

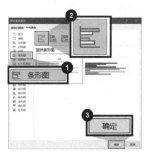

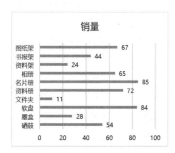

这里使用了柱形图和条形图演示了插入图表和更改图标类型的操作，其实 Excel 中的任何图表类型，都是相同的操作，只是在插入图表或更改图表类型时选择不同的图表就可以了。

# 02 把新增的数据添加到图表中

当完成了表格和图表的制作后，如果又增加了商品的销量数据，应该何如把数据更新到图表中呢？

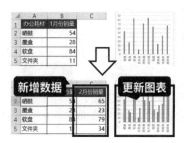

我们可以使用选择数据功能来更新图表的数据，具体操作如下。

**1** 选中图表，在【设计】选项卡的功能区中单击【选择数据】图标。

**2** 弹出【选择数据源】对话框，单击【添加】按钮。

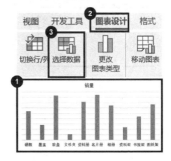

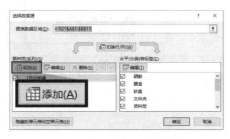

**3** 在【编辑数据系列】对话框中设置【系列名称】为 C1 单元格，即新增的"2月份销量"；【系列值】为 C2:C11 单元格区域，即新增的数据，依次单击【确定】按钮。

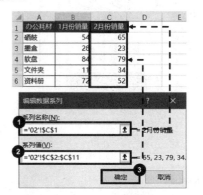

这样新增的数据就更新到图表中了。

## 03 数据隐藏后图表就不见了，怎么办

在图表制作好后，如果想隐藏数据源，仅仅展示图表，这个时候我们却发现一旦数据被隐藏起来，图表区域会变成一片空白，图表消失不见了。

不要慌，按照下面的操作，我们可以让图表重新出现。

**1** 选中空白的图表，在【图表设计】选项卡的功能区中单击【选择数据】图标。

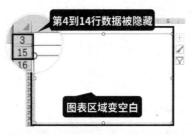

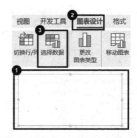

**2** 在【选择数据源】对话框中单击【隐藏的单元格和空单元格】按钮，弹出【隐藏和空单元格设置】对话框，选择【显示隐藏行列中的数据】选项，单击【确定】按钮。

再次隐藏数据，此时图表就可以正常演示了。

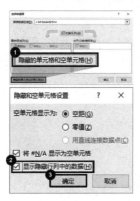

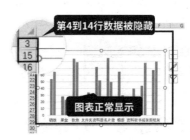

# 7.2 图表美化技巧

学会了如何创建图表，那么如何把图表做得更好看一些呢？本节介绍了几种常用的图表美化技巧，让你的图表脱颖而出。

## 01 柱形图有哪些常用的美化技巧

每个月的月底都要做月报，汇报产品销量和上个月相比有什么变化，报告里做了一堆的柱形图，老板经常说图表不够美观。柱形图有什么美化的方法呢？

介绍 3 种简单好用的方法：

- 删除多余元素；
- 调整柱形粗细；
- 添加数据标签。

对比一下美化前后的效果，是不是美化后的效果更好？

### 1. 删除多余元素

图表中的元素都是独立的，单击就可以选中，再按 Delete 键就可以将其删除。

**1** 单击坐标轴，按 Delete 键将其删除。

**2** 单击网格线，按 Delete 键将其删除。

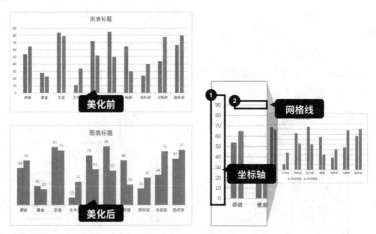

**3** 单击柱形，修改柱形的填充颜色，让对比更明显一些。

第一个美化步骤就完成了。

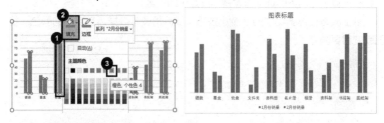

### 2. 调整柱形粗细

把图形的粗细设置得稍微粗一点，可以让图表看着更充实。

**1** 在柱形上单击鼠标右键，选择【设置数据系列格式】命令。

**2** 在属性窗口中的【系列选项】区域下，设置【系列重叠】数值为 0%，设置【间隙宽度】数值为 60%。

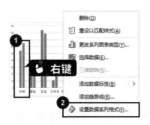 

【系列重叠】用来调整柱形之间的重叠程度。为 -100% 时两个系列距离最远，为 100% 时两个系列将完全重叠。

【间隙宽度】用来调整柱形之间的距离。为 0% 时系列距离最小，此时柱形最粗；为 500% 时柱形之间距离最大，柱形也最细。

### 3. 添加数据标签

1 选中图表，单击图表右侧的加号按钮，选择【数据标签】选项。

2 单击【数据标签】右侧的小三角符号，选择【更多选项】。

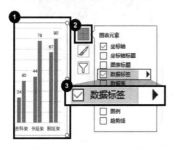 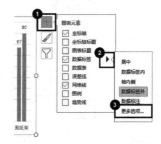

3 在【标签选项】区域中的【标签包括】选项下可选择显示在数据标签中的数据。【标签位置】选项下的选项可设置标签显示的位置。

以上就是柱形图美化的 3 个小技巧，最后再调整数据标签字体的颜色，柱形图就变得更漂亮了。

 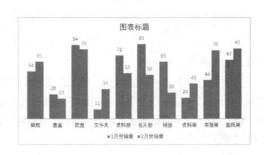

# 02 折线图有哪些常用的美化技巧

在呈现数值随时间推移而发生的大小变化时，我们通常会选用折线图。传统的折线图的效果会比较单调。

掌握下面的几个美化技巧，可以让你的图表"焕然一新"。

### 1. 平滑折线

按照下面的操作，把折线换成平滑的线条，会让人眼前一亮。

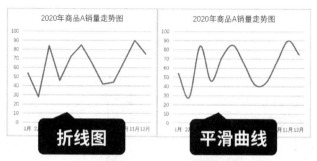

**1** 单击图表中的折线，在线条上单击鼠标右键，选择【设置数据系列格式】命令。
**2** 在右侧的属性面板中单击【填充与线条】选项卡，单击【线条】按钮，选择【平滑线】选项即可。

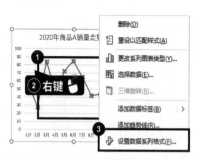

设置完成后，折线就变成平滑的曲线了。

### 2. 设置标记样式

把标记改成一个特殊的形状，也能让人眼前一亮。

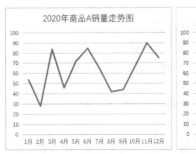

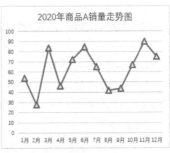

具体的操作步骤如下。

1️⃣ 单击折线图的标记，单击鼠标右键，选择【设置数据系列格式】命令。

2️⃣ 在右侧的属性设置面板中单击【填充与线条】选项卡，单击【标记】按钮。

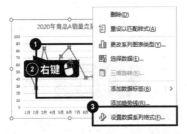

3️⃣ 在【标记选项】中选择【内置】选项，在【类型】下拉列表中选择三角形，并将【大小】设置为10。

4️⃣ 在【填充】中选择【纯色填充】选项，并将【颜色】设置成浅绿色。

5️⃣ 在【边框】中选择【实线】选项，将【颜色】设置成绿色，【宽度】设置为2.25磅。

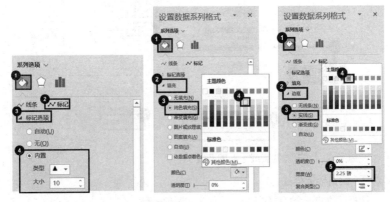

设置完成后，标记变成三角形。

# 03 饼图有哪些常用的美化技巧

当想体现办公耗材中哪一种商品的销售额占比最大时，我们会选用饼图。但是当数据系列太多时，数值小的数据系列对应的饼图扇区可能会无法清晰地显示。

把饼图变成复合条饼图，既可以看到所有数据系列在饼图中的分布，又不会错过"小份额"的细节。

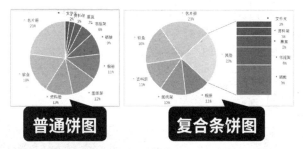

复合条饼图做起来其实非常简单，按照下面的步骤操作即可。

## 1. 复合条饼图

选择数据区域中的任意一个单元格，在【插入】选项卡的功能区中单击【饼图】图标，并选择【复合条饼图】。

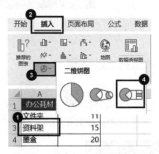

得到一个由饼图和柱状图组成的复合图表，是不是非常简单？

## 2. 美化饼图样式

可以使用 Excel 自带的图表样式，一键美化饼图，具体的操作如下。

**1** 选择创建好的复合条饼图。

**2** 在【图表设计】选项卡的功能区中单击【图表样式】组中的一种样式，就可以快速美化图表。

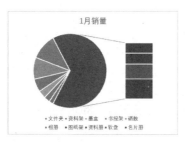

**3** 在【图表设计】选项卡的功能区中单击【更改颜色】图标，选择一个合适的图表配色方案。

设置完成后的饼图图表的"颜值"又上了一个台阶。

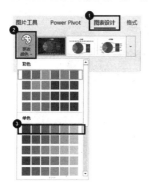

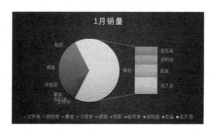

# 04 柱形图如何做出占比的效果

下图所示的表格中，一列是实际销量，另一列是目标销量，做出来的柱形图样式比较普通。如何做出下图右边图表展示的占比效果？

| 办公耗材 | 目标 | 实际 |
|---|---|---|
| 硒鼓 | 180 | 123 |
| 墨盒 | 180 | 59 |
| 软盘 | 180 | 156 |
| 文件夹 | 180 | 122 |
| 资料册 | 180 | 129 |

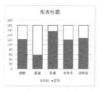

占比效果可以通过设置柱形图的属性实现，具体的操作如下。

**1** 选择数据区域中的任意一个单元格，在【插入】选项卡的功能区中单击【柱形图】→【簇状柱形图】，插入一个普通的柱形图。

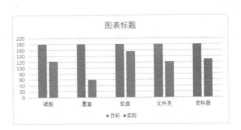

**2** 用鼠标右键单击图表的柱形，选择【设置数据系列格式】命令，右侧出现图表的属性面板。

**3** 在【系列选项】中设置【系列重叠】为100%，让两个柱形重叠在一起；设置【间隙宽度】为 60%，让柱形稍微粗一点。

**4** 单击"目标"数据系列对应的柱形，在【格式】选项卡的功能区中，设置【形状填充】为白色，【形状轮廓】设置为和"实际"系列一致的绿色。

设置完成之后，柱形图中就可以直观地看出每个产品的销售达成情况了。

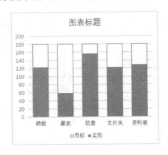

# 05 同时使用折线图和柱形图

　　表格中一列是销量，另一列是累计总数，使用普通的柱形图很难体现出累计总数的增长趋势。

　　如何在一张图表（如下图所示）里实现用柱形图体现销量，用折线图体现累计总数的增长趋势？

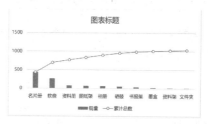

　　这个效果使用 Excel 中的组合图可以快速实现，具体的操作如下。

**1** 选中表格中的数据，在【插入】选项卡的功能区中单击【柱形图】图标→【簇状柱形图】命令，插入一个柱形图。

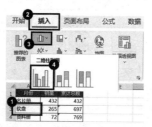
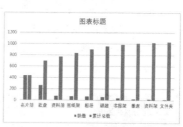

**2** 选中图表，在【图表设计】选项卡的功能区中单击【更改图表类型】图标。

**3** 在【更改图表类型】对话框中单击【组合图】，将"销量"系列的图表类型设置为【簇状柱形图】，将"累计总数"系列的图表类型设置为【折线图】，单击【确定】按钮。

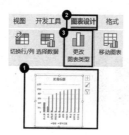

4 选择折线图，在【格式】选项卡的功能区中，设置【形状轮廓】为橙色，让柱形图和折线图的颜色差异更明显，图表也变得更好看一些。

在一个图表中同时使用柱形图和折线图的效果如下图所示。

 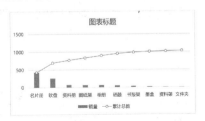

# 7.3 图表编辑

本节内容主要涉及图表编辑过程中的常见问题。从细节入手，让图表变得更专业、更美观。

## 01 给柱形图添加完成率的数据标签

年底了，我们要总结今年各月的销售情况，复盘每月目标的完成率。如果使用下图所示的百分比形式来体现完成率，是不是会让老板眼前一亮呢？

这个效果做起来其实并不难，使用 Excel 的组合图功能就可以轻松实现，具体操作步骤如下。

### 1. 设置目标线条

1 选择数据区域中的任意一个单元格，在【插入】选项卡的功能区中单击【柱形图】图标→【簇状柱形图】，插入一个柱形图。

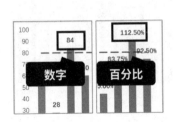 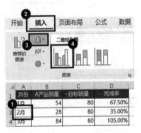

② 单击图表，在【图表设计】选项卡的功能区中单击【更改图表类型】图标。
③ 弹出【更改图表类型】对话框，单击【所有图表】选项卡，然后单击【组合图】。将【A产品销量】的图表类型修改为【簇状柱形图】，将【目标销量】的图表类型修改为【折线图】。单击【确定】按钮完成图表编辑。

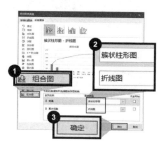

④ 单击图表中的折线图，在【格式】选项卡的功能区中，设置【形状轮廓】的颜色为深红色，宽度为【1.5磅】，短划线类型为长划线。

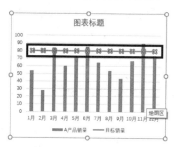

　　这样数据中的"目标销量"就变成了一条目标线，每个月是否达成目标一目了然。
　　为了一眼就能看到每个月的完成比例，接下来我们再给柱形图添加"完成率"数据标签。

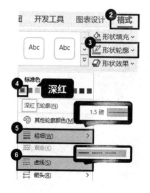
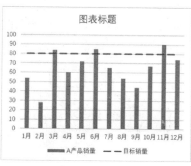

### 2. 添加数据标签

**1** 在 D1 单元格中输入"完成率"。

**2** 在 D2 单元格中输入公式计算完成率，将鼠标指针放在单元格右下角，指针变成黑色加号形状时，双击鼠标完成公式填充。

**3** 选中图表，单击图表右侧的加号按钮，选择【数据标签】选项，单击【数据标签】右侧的小三角符号，选择【更多选项】。

 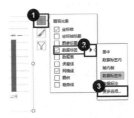

**4** 在右侧的属性面板中的【标签选项】区域中，选择【单元格中的值】选项，在【选择数据标签区域】中选择刚刚添加的"完成率"D2:D16，单击【确定】按钮。

设置完之后再来看这个图表，产品销量和目标销量对比明显，数据也非常清晰，绝对让领导眼前一亮！

 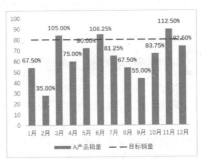

# 02 设置数据标签的位置

在图表中，通过坐标轴可以估计柱形图或者折线图中各数据系列的数值，但是和为图表添加数据标签比起来，显然后者在阅读的时候更方便。

在图表中添加数据标签的操作方法前面已经介绍过了，数据标签添加好之后，如果位置不对，修改起来也很方便。

**1** 在数据标签上单击鼠标右键，选择【设置数据标签格式】命令。

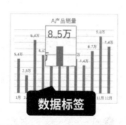

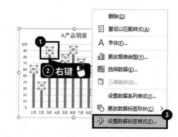

**2** 在右侧的属性面板中找到【标签位置】选项，选择对应的位置选项，如选择【轴内侧】选项。

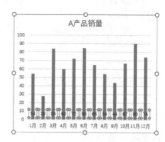

这里只是用柱形图举例，其他图表，如折线图、条形图也是相同的设置方法。

## 03 在数据标签中加上单位

在下图所示的 A 产品各月销量图表中，我们能比较直观地看出销量的变化趋势和各月销量之间的对比，但是数据标签中少了一个重要的元素：数据单位。

如何在数据标签中加上单位呢？

我们可以在【数据标签】选项中设置一个自定义格式，轻松地实现想要的效果，具体操作如下。

**1** 在数据标签上单击鼠标右键，选择【设置数据标签格式】命令。

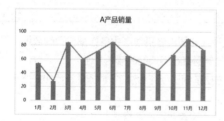

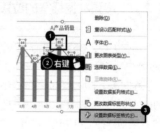

2 在右侧的属性面板中单击【标签选项】，找到【数字】选项，在【格式代码】中输入"0 件"，单击【添加】按钮，这样就给数据标签添加了"0 件"的格式。

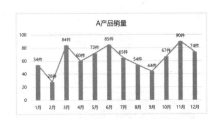

回到图表中看一下，数据标签中就自动加上了单位"件"。如果想显示为"万件"，只需要在第 2 步中把格式代码改为"0 万件"就可以了。

格式代码"0 件"中的 0 是数字占位符，代表原有的数字；"件"则是一个文本，追加到数字后面，在数据标签中显示。

# 04 坐标轴文字太多，如何调整文字方向

用柱形图表示不同产品的销量时，因为产品名称太长，导致横坐标放不下这么多文字，产品名称是倾斜显示的，很不美观。这时应该如何调整呢？

通过设置坐标轴的文字方向，可以解决这个问题，具体操作如下。

1 选中坐标轴，单击鼠标右键，选择【设置坐标轴格式】命令。

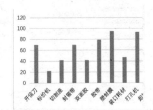

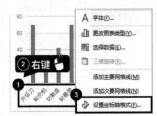

2 在右侧的属性面板中，单击【文本选项】图标，将【文本框】选项中的【文字方向】设置为【堆积】。

这时横坐标轴中的文字就从横排显示变成了竖排显示，不仅看着美观，阅读起来也更方便了。

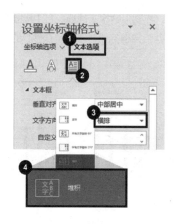

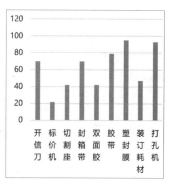

# 05 图表中的坐标轴顺序为何是反的

用条形图表示 A 产品一年的销量变化，制作条形图之后纵坐标中的月份排列顺序和数据表中的是相反的。

如何设置可以让图表中的纵坐标轴顺序和数据表中的顺序一致呢？按照下面的操作步骤就可以搞定。

**1** 选中坐标轴，单击鼠标右键，选择【设置坐标轴格式】命令。

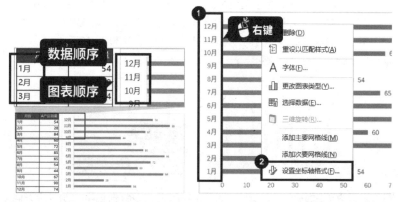

**2** 在属性面板中，单击【坐标轴选项】图标，选择【逆序类别】选项即可。

**3** 选中上方的横坐标轴，按 Delete 键删除。

一个简单干净的条形图就制作好了。

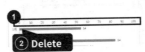

# 06 两类数据差异很大，图表样式怎么调整

表格中一列是"A产品销量"，另一列是"完成率"，创建柱形图之后，只能看到"A产品销量"对应的柱形，看不到"完成率"对应的柱形，是什么原因？

"完成率"的图表其实是有的，只不过完成率都是小于或等于 1 的数字，和"A产品销量"对比是一个非常小的数字，所以对应的柱形也非常细，几乎"没有"一样。

使用 Excel 中的次坐标轴功能，可以很好地解决图表中数据差异很大的问题，具体操作如下。

**1** 选中表格中的数据，在【插入】选项卡的功能区中单击【柱形图】图标→【簇状柱形图】。

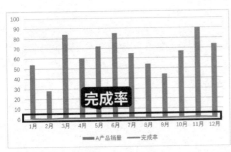

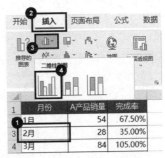

**2** 选中图表，在【图表设计】选项卡的功能区中单击【更改图表类型】图标。

**3** 弹出【更改图表类型】对话框，单击【组合图】，将【完成率】系列的图表类型设置为【折线图】，并选择右侧的【次坐标轴】复选框，单击【确定】按钮。

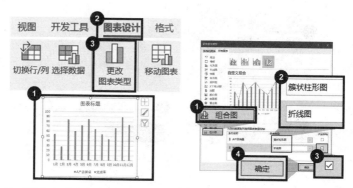

这时再来看图表，"A产品销量"对应的柱形，和"完成率"对应的折线图就非常"融洽"地显示在一张图表中了。

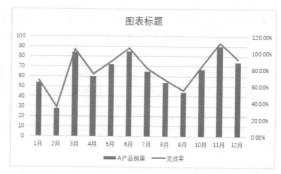

次坐标轴和主坐标轴相互独立，即便主坐标轴是几百上千的数字，次坐标轴依然可以正常地显示 0 ~ 100% 的比例。

和秋叶一起学

秒懂 Excel

## » 第 8 章 «
## 函数公式计算

　　函数公式就是 Excel 中的"语言",想要和 Excel"无障碍"地交流,就必须要懂得 Excel 的"语言",也就是函数公式。

　　统计每月的销量要用函数公式,从文本中提取数字要用函数公式,判断工作完成率要用函数公式,根据 ID 查询产品详情也要用函数公式。

　　本章将通过讲解统计函数、逻辑函数、文本函数 3 种类型,介绍实际工作中常见的函数公式用法。

# 8.1 统计函数

数据统计最常见的应用就是求和、计数，本节的内容涉及 SUM 函数、SUMIF 函数、COUNTIF 函数在工作中的实战统计方法。

## 01 如何对数据一键求和

月底结算的时候经常为求和头疼，一大串的数字，手动计算不仅工程量大，还不能保证准确率。就如下图所示的表格，如何快速计算出总额呢？

| 商品 | 1月 | 2月 | 3月 | 总额 |
|---|---|---|---|---|
| 椰汁月饼王 | 711 | 392 | 614 | |
| 豆沙月 | 849 | 142 | 875 | |
| 豆蓉月 | 943 | 293 | 123 | |
| 凤梨精品月 | 390 | 563 | 868 | |
| 凤梨月 | 786 | 373 | 342 | |
| 贡品月 | 534 | 813 | 544 | |
| 果仁芋蓉月 | 359 | 388 | 849 | |
| 欢乐儿童月 | 244 | 264 | 341 | |
| 黄金PIZZA月 | 780 | 157 | 103 | |
| 总额 | | | | |

Excel 中有两种"一键求和"的方法，使用起来非常简单高效。

### 1. 快速求和

Excel 中使用快捷键 Alt+= 可以实现快速求和，具体操作如下。

选中 B2:E11 单元格区域，按快捷键 Alt+=，Excel 在"总额"对应的单元格中自动填写 SUM 函数。

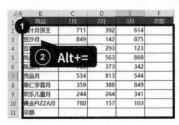

| 商品 | 1月 | 2月 | 3月 | 总额 |
|---|---|---|---|---|
| 椰汁月饼王 | 711 | 392 | 614 | 1717 |
| 豆沙月 | 849 | 142 | 875 | 1866 |
| 豆蓉月 | 943 | 293 | 123 | 1359 |
| 凤梨精品月 | 390 | 563 | 868 | 1821 |
| 凤梨月 | 786 | 373 | 342 | 1501 |
| 贡品月 | 534 | 813 | 544 | 1891 |
| 果仁芋蓉月 | 359 | 388 | 849 | 1596 |
| 欢乐儿童月 | 244 | 264 | 341 | 849 |
| 黄金PIZZA月 | 780 | 157 | 103 | 1040 |
| 总额 | 5596 | 3385 | 4659 | 13640 |

### 2. 定位求和

Alt+= 非常好用，但是它只能快速地求一列或一行连续数据的和，当求和区域是不连续时，Alt+= 就不好用了。

比如下图所示的表格中，要计算每个季度的总额和每个月的总额，如何"一键求和"？

| 商品 | 豆沙月 | 豆蓉月 | 凤梨精品月 | 凤梨月 | 总额 |
|---|---|---|---|---|---|
| 1月 | 849 | 943 | 390 | 786 | |
| 2月 | 142 | 293 | 563 | 373 | |
| 3月 | 875 | 123 | 868 | 342 | |
| 第一季度总额 | | | | | |
| 4月 | 522 | 526 | 662 | 633 | |
| 5月 | 654 | 193 | 525 | 376 | |
| 6月 | 308 | 851 | 712 | 527 | |
| 第二季度总额 | | | | | |

使用"定位求和"方法实现起来非常容易，具体操作如下。

**1** 选中 B16:I23 单元格区域，按快捷键 Ctrl+G，打开【定位】对话框。

| A | B | C | D | E | F | G | H | I | J |
|---|---|---|---|---|---|---|---|---|---|
| | 商品 | 豆沙月 | 豆蓉月 | 凤梨精品月 | 凤梨月 | 总额 | 里广菜青月凤汕II 菁月 | | 总额 |
| 16 | 1月 | 849 | 943 | 390 | 786 | 534 | 359 | 244 | 4105 |
| 17 | 2月 | | 93 | 563 | 373 | 813 | 388 | 264 | 2836 |
| 18 | 3月 | | 23 | 868 | 342 | 544 | 849 | 341 | 3942 |
| 19 | 第一季度总额 | | | | | | | | |
| 20 | 4月 | 522 | 526 | 662 | 633 | 194 | 567 | 590 | 3694 |
| 21 | 5月 | 654 | 193 | 525 | 376 | 394 | 687 | 707 | 3536 |
| 22 | 6月 | 308 | 851 | 712 | 527 | 299 | 753 | 143 | 3593 |
| 23 | 第二季度总额 | | | | | | | | |

**2** Ctrl+G

**2** 单击【定位条件】按钮，在【定位条件】对话框中选择【空值】选项，单击【确定】按钮，把所有小计行的空白单元格批量选中。

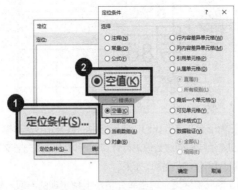

**3** 按快捷键 Alt+=，即可完成每个"小计"行的自动求和。

| 商品 | 豆沙月 | 豆蓉月 | 凤梨精品月 | 凤梨月 | 总额 |
|---|---|---|---|---|---|
| 1月 | | | 390 | 786 | 2968 |
| 2月 | | | 563 | 373 | 1371 |
| 3月 | 875 | 123 | 868 | 342 | 2208 |
| 第一季度总额 | 1866 | 1359 | 1821 | 1501 | 6547 |
| 4月 | 522 | 526 | 662 | 633 | 2343 |
| 5月 | 654 | 193 | 525 | 376 | 1748 |
| 6月 | 308 | 851 | 712 | 527 | 2398 |
| 第二季度总额 | 1484 | 1570 | 1899 | 1536 | 6489 |

① Alt+= ②

学会了快速求和，下次做月底结算再也不头疼了！

## 02 为什么明明有数值，SUM 函数求和结果却是 0

在利用 SUM 函数求值时，有时候会遇到明明有数值，但 SUM 函数求和结果却是 0 的情况。

如下图所示，B ~ D 列都有数据，但是 E 列的 SUM 公式求和结果却全部都是 0，这是怎么回事呢？

| 商品 | 1月 | 2月 | 3月 | 总额 |
|---|---|---|---|---|
| 椰汁月饼王 | 711 | 392 | 614 | 0 |
| 豆沙月 | 849 | 142 | 875 | 0 |
| 豆蓉月 | 943 | 293 | 123 | 0 |

我们仔细观察一下表格中的数据,在每个数据前面都有一个绿色的小三角形。

| 商品 | 1月 | 2月 | 3月 | 总额 |
|---|---|---|---|---|
| 椰汁月饼王 | 711 | 392 | 614 | 0 |
| 豆沙月 | | 142 | 875 | 0 |
| 豆蓉月 | | 293 | 123 | 0 |
| 凤梨精 | | | 868 | 0 |
| 凤梨月 | | | 342 | 0 |
| 贡品月 | | | 544 | 0 |
| 果仁芋蓉 | | 88 | 849 | 0 |
| 欢乐儿童月 | | 264 | 341 | 0 |
| 黄金PIZZA月 | 780 | 157 | 103 | 0 |
| 总额 | 0 | 0 | 0 | 0 |

这些绿色小三角形是在告诉我们,单元格中的数据是"文本格式"而不是"数值格式"。而 SUM 函数只能对数值进行计算,所以我们要先把文本格式转换为数值格式再进行求和。具体的转换操作如下。

选中 B2:D10 单元格区域,单击单元格左上角出现的感叹号形状的按钮,单击【转换为数字】,即可把文本格式批量转换成数值格式。

格式转换完成之后，总额就自动计算出来啦！

| 商品 | 1月 | 2月 | 3月 | 总额 |
|---|---|---|---|---|
| 椰汁月饼王 | 711 | 392 | 614 | 1717 |
| 豆沙月 | 849 | 142 | 875 | 1866 |
| 豆蓉月 | 943 | 293 | 123 | 1359 |
| 凤梨精品月 | 390 | 563 | 868 | 1821 |
| 凤梨月 | | | | 1501 |
| 贡品月 | 554 | 813 | 544 | 1891 |
| 果仁芋蓉月 | 359 | 388 | 849 | 1596 |
| 欢乐儿童月 | 244 | 264 | 341 | 849 |
| 黄金PIZZA月 | 780 | 157 | 103 | 1040 |
| 总额 | 5596 | 3385 | 4659 | 13640 |

SUM求和结果正确

# 03 使用 SUMIF 函数，按照条件求和

月底要算奖金了，财务统计出奖金明细如下图所示，老板要求计算各个部门的总奖金，应该如何操作呢？

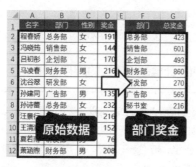

原始数据　部门奖金

根据"部门"的名称，计算"奖金"总额，这是一个根据某个条件求和的需求，我们可以用 SUMIF 函数来实现。具体操作步骤如下。

**1** 在 G2 单元格输入如下公式，按 Enter 键。

=SUMIF($B$2:$B$20,F2,$D$2:$D$20)

**2** 将鼠标指针放在单元格右下角，指针变成黑色加号形状时，双击鼠标左键填充公式即可。

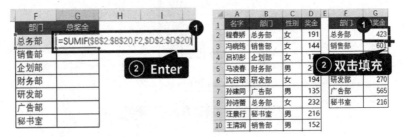

公式的原理并不复杂。

- B2:B20 是"部门"区域，在这个区域中，查找等于 F2"总务部"的记录。
- 找到之后，把这些行对应在 D2:D20 区域的"奖金"进行求和。

这就是 SUMIF 的原理，再看一下 SUMIF 函数的参数结构，以便加深理解。

## SUMIF函数

对数据区域中符合条件的值进行求和。

| SUMIF(range, criteria, sum_range) | |
|---|---|
| range | 要判断的条件区域。 |
| criteria | 条件判断的标准。 |
| sum_range | 需要求和的单元格区域。 |

在使用 SUMIF 函数时，关键是梳理清楚要判断的条件区域和要求和的数值区域。你学会了吗？

# 04 用 SUMIF 计算超 90 天的库存总和

仓库中的商品都会按照入库时间定期清点，下图所示的表格中，有些商品已经入库超过 90 天，如何计算超 90 天的库存总和呢？

其实这个需求并不难，梳理一下思路：在"库存天数"列中找出 >90 的记录，然后把对应的库存量求和。

使用 SUMIF 可以轻松搞定，具体操作如下。

在 F2 单元格中输入 SUMIF 公式，按 Enter 键即可。

=SUMIF($C$2:$C$19,">90",$D$2:$D$19)

 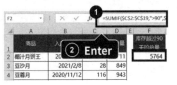

最终得到超过 90 天的库存总量为 5764。

| 库存超过90天的总量 |
|---|
| 5764 |

备注：统计日期2021/3/8

公式原理如下。

- 单元格 C2:C19 对应"库存天数"区域，在这个区域中找出">90"的记录。
- 注意 >90 在公式中需要用英文的双引号括起来 ">90"，表示判断的条件。

如果判断条件是大于等于 90，正确的写法是 ">=90"，而不是 " ≥ 90"。

- 把找到的数据对应的"库存量"D2:D19 的值进行求和即可。

SUMIF 函数的参数结构见上一页。

# 05 用 SUM 函数对多个工作表数据求和

公司的每月销售统计表，将各个月份分开放在不同的工作表中，想要做所有数据的汇总，在第 1 步合并工作表时就被难住了。

如何不用合并工作表，直接跨工作表快速求和呢？

按照下面的步骤操作，使用简单的 SUM 函数就能实现。

1 选中汇总表中的 B2 单元格，输入 SUM 公式，按 Enter 键。

=SUM('1 月 :4 月 '!B2)

2 将鼠标指针放在 B2 单元格右下角，指针变成黑色加号形状时双击鼠标，公式自动向下填充，快速汇总统计。

SUM 函数不难，关键在于求和区域的引用，主要有下面几点。

• B2 是求和单元格，同时每个工作表中数据的结构和字段顺序，都要一致。

• '1 月 :4 月 ' 是求和的工作表，是指把 1 月～ 4 月所有的数据都一起求和。

• 感叹号（!）连接工作表和区域引用，是指把 1 月～ 4 月所有工作表的 B2 单元格求和计算。

明白了原理之后，再来看公式就比较容易理解了，对吗？

最后一个小窍门，公式中的引用 "1 月 :4 月 '!B2"，不需要手动输入，输入 "=SUM(" 后，单击第一个工作表标签 "1 月"，按住 Shift 键单击最后一个工作表标签 "4 月"，再单击 B2 单元格，输入右括号，就可得到公式：

=SUM('1 月 :4 月 '!B2)

# 06 使用 COUNTIF 函数按条件计数

下图所示的是一份考试成绩表格，老师要统计班上有多少位同学不及格，如何快速实现呢？

我们可以利用 COUNTIF 函数来实现，具体操作如下。

在 E1 单元格中输入如下公式，按 Enter 键。

=COUNTIF(B2:B19,"<60")

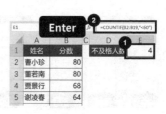

公式的原理并不复杂。

- 在 B2:B19 区域中查找符合 "<60" 条件的单元格。
- 找到之后，返回符合条件的单元格个数。

对比一下函数的参数结构，可以加深理解。

## COUNTIF函数

用来统计满足某个条件的单元格的数量。

| COUNTIF(range,criteria) |  |
|---|---|
| range | 要在哪些区域查找？ |
| criteria | 要查找的条件是什么？例如，条件可以表示为 32、"32"、">32" 或 "apples"。 |

第 2 个参数可以根据需求，改成其他需要的判断条件。

# 8.2 逻辑函数

逻辑函数可以根据指定的条件来判断结果是否符合，从而返回相应的内容。本节主要涉及 IF 函数、AND 函数在逻辑判断中的实际应用。

## 01 使用 IF 函数根据条件返回不同的数据

表格中经常会需要根据数值的大小，返回不同的结果，如下图所示：成绩大于等于 60 分显示为及格，小于 60 分显示为不及格，这样可以把成绩分成两个类别。

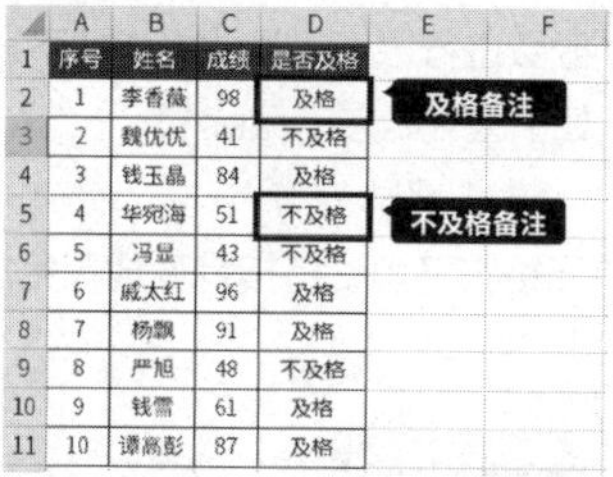

| 序号 | 姓名 | 成绩 | 是否及格 |
|---|---|---|---|
| 1 | 李香薇 | 98 | 及格 |
| 2 | 魏优优 | 41 | 不及格 |
| 3 | 钱玉晶 | 84 | 及格 |
| 4 | 华宛海 | 51 | 不及格 |
| 5 | 冯显 | 43 | 不及格 |
| 6 | 戚太红 | 96 | 及格 |
| 7 | 杨飘 | 91 | 及格 |
| 8 | 严旭 | 48 | 不及格 |
| 9 | 钱需 | 61 | 及格 |
| 10 | 谭嘉彭 | 87 | 及格 |

这个过程叫作"条件判断"，可以使用 IF 函数来完成，具体操作如下。

1 选中 D2 单元格，输入如下公式，按 Enter 键。

=IF(C2<60," 不及格 "," 及格 ")

**2** 将鼠标指针放在 D2 单元格右下角，指针变成黑色加号形状时双击鼠标左键，完成批量填充。

IF 函数的逻辑判断如下。

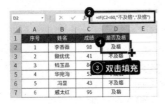

判断指定的条件是"真"（TRUE）或"假"（FALSE），根据逻辑计算的真假值，返回相应的内容。

公式含义：

- 如果 C2 的数值 <60，就返回"不及格"；
- 如果 C2 的数值 ≥ 60，则返回"及格"。

**IF函数**

根据判断的逻辑条件，返回对应的结果。

| IF(logical,[value_true],[value_false]) | |
|---|---|
| logical | 用来判断的逻辑条件。 |
| value_true | 如果符合条件，要返回的值。 |
| value_false | 如果不符合条件，要返回的值。 |

> **注意：**
> value_true 和 value_false 中的"不及格""及格"是文本，需要用英文状态下的引号"包裹"起来。

## 02 完成率超过 100% 且排名前 10 名就奖励，怎么用公式表示

公司考核 KPI，规定给完成率超过 100%，而且排名在前 10 名的同事，发放奖励。如何使用公式，直接在表格中把符合条件的记录标记出来？

需要用到 IF 和 AND 函数进行嵌套，具体操作如下。

**1** 选中 D2 单元格，输入如下公式，按 Enter 键。

=IF(AND(B2>1,C2<=10)," 奖励 ","")

**2** 将鼠标指针放在 D2 单元格右下角，待指针变成黑色加号形状时，双击鼠标左键即可向下填充。

| | A | B | C | D |
|---|---|---|---|---|
| 1 | 销量 | 完成率 | 排名 | 是否奖励 |
| 2 | 27 | 173% | 5 | 奖励 |
| 3 | 67 | 76% | 1 | |
| 4 | 63 | 97% | 7 | |
| 5 | 46 | 176% | 20 | |
| 6 | 29 | 36% | 13 | |

| | A | B | C | D |
|---|---|---|---|---|
| 1 | 销量 | 完成率 | 排名 | 是否奖励 |
| 2 | 27 | 173% | 5 | 奖励 |
| 3 | 67 | 76% | 1 | |
| 4 | 63 | 97% | 7 | |
| 5 | 46 | 176% | 20 | |
| 6 | 29 | 36% | 13 | |

本例中公式的思路主要包含两个部分。

### 1. 解决两个条件同时满足的问题

AND 函数用来解决公式中多个条件同时满足的需求。

在案例中对应的公式：

=AND(B2>1,C2<=10)

其中：

- B2>1 用来判断完成率是否 >100%；
- C2<=10 用来判断名次是否位于前 10 名。

AND 函数用来判断多个条件是否同时满足，只有同时满足才会返回 TRUE，否则就返回 FALSE。

### AND函数

判断参数中的多个条件是否同时满足。

| AND(logical,logical2...) | |
|---|---|
| logical1 | 要判断的第1个逻辑条件。 |
| logical2 | 要判断的第2个逻辑条件。 |

### 2. 根据判断结果返回不同的内容

IF 函数会根据不同的条件返回不用的数据。IF 函数的参数介绍见上页。

在案例中，使用 AND 函数判断完"完成率"和"名次"之后，使用 IF 函数根据判断的结果，返回不同的内容。对应的公式：

=IF(AND(B2>1,C2<=10)," 奖励 ","")

AND 函数部分是上一步的计算结果，如果判断结果为 TRUE，则返回"奖励"，否则返回用两个双引号 "" 表示的空白文本。

所以，只有同时满足完成率 >100%，而且名次 <=10 时，才会返回"奖励"。

# 03 如何将公式计算出来的错误值变成 0 或不显示

有时在进行公式计算时，会得到表示错误的值，如下图所示。

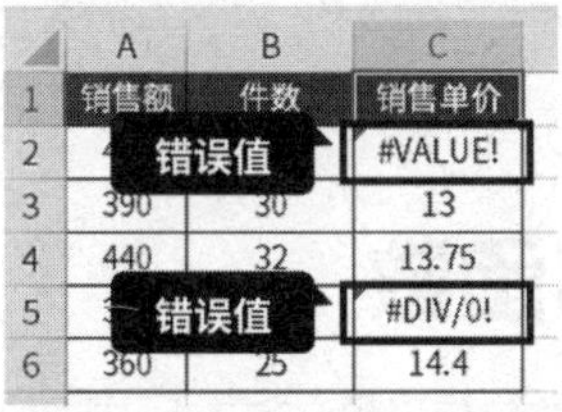

| | A | B | C |
|---|---|---|---|
| 1 | 销售额 | 件数 | 销售单价 |
| 2 | 错误值 | | #VALUE! |
| 3 | 390 | 30 | 13 |
| 4 | 440 | 32 | 13.75 |
| 5 | 错误值 | | #DIV/0! |
| 6 | 360 | 25 | 14.4 |

图中 C2 单元格和 C5 单元格公式计算错误，我们需要将错误值转换成"0"或者不显示错误值，此时可以使用 IFERROR 函数来实现。

具体操作如下。

■ 选中 C2 单元格，输入如下公式，按 Enter 键。

   =IFERROR(A2/B2,0)

■ 将鼠标指针放在 C2 单元格右下角，指针变成黑色加号形状时，双击鼠标左键即可向下填充公式。

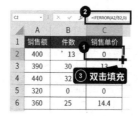

公式的意思是当 A2/B2 出现错误时，用 0 来替代。

再来看下 IFERROR 函数的参数结构，和公式的原理刚好是一致的，当 value 计算错误时，用 value_if_error 来代替。

在该案例中我们用 0 来替代错误值，可以看到公式填充完成后，原先的错误值变为 0。

当然这里还可以返回空值，把 0 替换为两个英文双引号 "" 即可，公式修改后如下：

=IFERROR(A2/B2,"")

## IFERROR函数

如果公式的计算结果错误，则返回您指定的值；否则返回公式的结果。

| IFERROR(value, value_if_error) |
|---|
| value | 检查是否存在错误的参数。 |
| value_if_error | 公式的计算结果错误时返回的值。可以是以下错误类型：#N/A、#VALUE!、#REF!、#DIV/0!、#NUM!、#NAME? 或 #NULL! |

| | A | B | C |
|---|---|---|---|
| 1 | 销售额 | 件数 | 销售单价 |
| 2 | 400 | ' 13 | |
| 3 | 390 | 30 | 13 |
| 4 | 440 | | 13.75 |
| 5 | 320 | 空值 | |
| 6 | 360 | 25 | 14.4 |

# 8.3 文本函数

文本函数在 Excel 中的使用频率非常高，提取数据、合并文本、转换日期格式等，都要用到文本函数。

本节将通过多个常见的文本问题，实战讲解文本函数在工作中的使用技巧。

# 01 提取单元格中的数字内容

表格中经常出现文本和数字混合在一起的情况，导致无法快速求和。这时候我们需要将数字提取出来，根据不同情况可以使用不同的方式。

### 1. 数字在左边——LEFT 函数

当数字在单元格最左侧时，只需要根据数字的长度，提取左侧的数字就可以了。

**1** 选中 B2 单元格，输入如下公式，按 Enter 键。

=LEFT(A2,3)

**2** 将鼠标指针放在 B2 单元格的右下角，指针变成黑色加号形状时，双击鼠标左键即可向下填充，即可批量提取。

 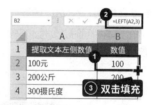

LEFT 函数用来提取文本左侧指定数量的字符，它有两个参数。

案例中的数字都在左边，而且长度都是 3 个字符，所以刚好可以使用 LEFT 函数提取出来。

### LEFT函数

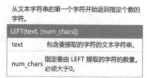

从文本字符串的第一个字符开始返回指定个数的字符。

LEFT(text, [num_chars])

| text | 包含要提取的字符的文本字符串。 |
| --- | --- |
| num_chars | 指定要由 LEFT 提取的字符的数量。必须大于0。 |

### 2. 数字在右边——RIGHT 函数

当单元格中的数字在右侧，文本内容在左侧时，同样的方法，根据数字长度，提取右侧字符即可。

对应的公式如下：

=RIGHT(A2,4)

RIGHT 函数用来从文本右侧提取指定数量的字符。

案例中的数字都在右侧，而且数量都是 4 个字符，所以刚好可以使用 RIGHT 函数批量提取。

## RIGHT函数

根据所指定的字符数返回文本字符串中最后一个或多个字符。

| RIGHT(text, [num_chars]) | |
|---|---|
| text | 包含要提取的字符的文本字符串。 |
| num_chars | 指定希望 RIGHT 提取的字符数。必须大于0。 |

### 3. 数字在中间——MID 函数

当数字在文本中间时，处理起来要麻烦一些，需要根据数字的位置，以及数字的长度提取字符。

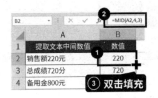

对应的公式如下：

=MID(A2,4,3)

MID 函数的作用是在文本指定位置开始，提取指定数量的字符。

案例中的数字，都是从第 4 个字符开始的，而且长度都是 3 个字符，所以刚好可以使用 MID 函数来提取。

## MID函数

返回文本字符串中，从指定位置开始的特定数量的字符。

| MID(text, start_num, num_chars) | |
|---|---|
| text | 包含要提取的字符的文本字符串。 |
| start_num | 要提取字符在文本中的起始位置。 |
| num_chars | 从文本中提取的字符个数。 |

## 02 提取括号中的内容

表格中用括号备注了一些数据，现在想快速提取括号中的内容，比如下图所示数据中括号中的内容。

可以利用 MID 和 FIND 函数来实现，具体操作如下。

**1** 选中 B2 单元格，输入如下公式，按 Enter 键。

=MID(A2,FIND("（",A2)+1,FIND("）",A2)−FIND("（",A2)−1)

**2** 将鼠标指针放在 B2 单元格右下角，指针变成黑色加号形状时，双击鼠标左键向下填充即可。

本例中公式比较长，理解思路是关键。整个公式可以分成 3 个部分：

- 从文本中间提取字符；
- 计算提取字符的"开始位置"；
- 计算提取字符的"长度"。

### 1. 从文本中间提取字符

要提取的字符都在文本的中间位置，所以要使用 MID 函数来提取。

公式如下：

=MID(A2, 开始位置 , 字符长度 )

MID 函数用来从"开始位置"提取指定"字符长度"的字符。

但是 Excel 把"开始位置"和"字符长度"当作无效的名称，所以公式结果显示是错误的 #NAME?。

### 2. 计算提取字符的"开始位置"

要提取的内容很规律，都是从"左括号"右边的字符开始的，所以可以使用 FIND 函数，查找左括号的位置，再 +1 得出内容的"开始位置"。

公式如下:

=FIND("(",A2)+1

FIND 函数用来查找某个文本的位置。

## FIND函数

用于在文本串中定位一个文本串,并返回定位到的位置。

| FIND(find_text, within_text, [start_num]) | |
|---|---|
| find_text | 要查找的文本。 |
| within_text | 包含要查找文本的文本。 |
| [start_num] | 指定开始进行查找的起始位置。如果省略 start_num,则假定其值为 1。 |

所以上面公式的作用,是在 A2 单元格中,查找"("的位置,找到之后 +1,得出左括号右侧第 1 个字符位置。

### 3. 计算提取字符的长度

提取内容长度不固定,确定的是都在左括号和右括号中间,所以可以用右括号的位置数值,减去左括号的位置数值计算得出。

公式如下:

=FIND(")",A2)−FIND("(",A2)−1

公式中,先用 FIND(")",A2),找出右括号位置,再减去左括号的位置 FIND("(",A2),计算结果再 −1,把左括号再排除掉。

最后,把"开始位置"和"字符长度"代入第 1 步的 MID 函数中,括号内容就提取出来了!

=MID(A2,FIND("(",A2)+1,FIND(")",A2)−FIND("(",A2)−1)

# 03 从身份证号码中提取生日、年龄信息

在 18 位的身份证号码中,包含了生日、年龄等信息,如何把这些信息提取出来呢?

### 1. 提取生日

在 18 位的身份证号码中，第 7 位到第 14 位，这 8 位数字代表了出生日期。

在这里，可以用 MID 和 TEXT 两个函数来提取出生日期。

**1** 选中 B2 单元格，输入如下公式，按 Enter 键。

=TEXT(MID(A2,7,8),"0000-00-00")

**2** 将公式向下填充。

本例公式的原理并不复杂，分为两个部分：

- 提取生日信息；
- 生日信息转日期格式。

#### 步骤 1：提取生日信息。

生日信息在身份证号码的中间位置，所以使用 MID 函数提取。公式如下：

=MID(A2,7,8)

在本例中身份证号码所在的位置是 A2 单元格，身份证号码中包含的出生日期从第 7 位开始，需要取 8 位。

#### 步骤 2：生日信息转日期格式。

日期 19960910 是一个数字格式，无法进行日期的计算，所以需要用 TEXT 进行格式的转换。公式如下：

=TEXT(B2,"0000-00-00")

TEXT 函数的各个参数说明如下。

#### TEXT函数

TEXT 函数可通过格式代码使数字应用格式，进而更改数字的显示格式。

| TEXT(value, format text) | |
|---|---|
| value | 要改应格式的文本 |
| fomat_text | 用来修改文本显示格式的格式代码 |

现在要把 B2 单元格中的 8 位数字转换成日期格式，因此第 2 个参数设置为 ""0000-00-00""。意思是把 8 位数字分成 4-2-2 三个部分，并用"-"链接，变成日期格式。

最后把两个公式组合再一起，就得到了提取生日的公式。

=TEXT(MID(A2,7,8),"0000-00-00")

### 2. 计算年龄

如果我们需要继续计算年龄，那么就可以用刚才提取的出生日期，通过 TODAY 和 DATEDIF 函数实现，具体操作如下。

**1** 选中 C2 单元格，输入如下公式，按 Enter 键。

=DATEDIF(B2,TODAY(),"Y")

**2** 双击单元格右下角，填充公式即可。

公式的原理解读如下：

- 用 TODAY 函数获取当前日期；
- 用 DATEDIF 函数计算出当前日期和出生日期之间的时间间隔。

本公式的难点在于 DATEDIF 函数，先来看一下函数的解析。

在本例中，各个参数对应的含义解读如下。

- start_date：开始日期，即 B2 单元格中的出生日期。
- end_date：结束日期，使用 TODAY 函数得到当前日期，这样 DATEDIF 函数才可以自动计算此员工当前的年龄。

## DATEDIF函数

计算两个日期相差的天数、月数或年数。

| DATEDIF(start_date,end_date,unit) | |
|---|---|
| start_date | 代表开始日期。 |
| end_date | 代表结束日期。 |
| unit | 要返回的信息类型，可以选择下面的选项之一。<br>Y：以"年"为单位的时间间隔。<br>M：以"月"为单位的时间间隔。<br>D：以"日"为单位的时间间隔。<br>MD：忽略"月"和"年"后，以"日"为单位的时间间隔。<br>YD：忽略"年"后，以"日"为单位的时间间隔。<br>YM：忽略"月"后，以"月"为单位的时间间隔。 |

- unit：日期差的单位，因为年龄是年份之间的差，所以第 3 个参数使用了"Y"，计算以"年"为单位的间隔。

所以，案例中的公式是在计算 B2 单元格的日期和当前日期 TODAY() 之间相差的年数，这样"年龄"就被计算出来了。

和秋叶一起学

秒懂 Excel

　　日期或时间格式的数据是表格中不可缺少的内容，每个订单的产生时间，员工的入职日期，产品出入库的日期，上下班的考勤时间等。

　　本章通过介绍多个工作中常见的日期时间计算场景，如日期格式转换、工龄计算、时间差计算、日期时间拆分与合并等，讲解 Excel 中日期时间计算的正确方法。

# 9.1 日期格式转换

Excel 中的日期是有标准格式的，不正确的格式可能无法进行计算，或导致公式计算错误。本节从认识日期格式开始，带你学习日期格式转换的常见方法。

## 01 把 "2019.05.06" 改成 "2019/5/6" 格式

Excel 中正确的日期格式应使用"/"或"-"作为连接符。"2019.05.06"是一种很常用但不规范的日期格式，会影响后续的数据筛选、日期计算，所以需要将"2019.05.06"转换成"2019/5/6"。

转换的方法非常简单，使用查找替换功能就可以快速转换日期格式，具体操作如下。

**1** 选中 A 列，即日期列。

**2** 按快捷键 Ctrl+H，调出【查找和替换】对话框。

**3** 在【查找内容】编辑框中输入"."（不含双引号），在【替换为】编辑框中输入"/"（不含双引号）。

**4** 单击【全部替换】按钮，完成批量替换。

替换后的日期在筛选的时候，就可以根据年月日自动分组了。

# 02 把"2019/5/6"变成"2019.05.06"格式

工作中我们会习惯性地用"2019.05.06"的格式来表示日期，那么如何将"2019/5/6"格式的日期快速转换成"2019.05.06"格式呢？

| | A | B |
|---|---|---|
| 1 | 日期 | 转换后的日期 |
| 2 | 2019/5/6 | 2019.05.06 |
| 3 | 2019/6/7 | 2019.06.07 |
| 4 | 2019/7/8 | 2019.07.08 |
| 5 | 2019/4/9 | 2019.04.09 |
| 6 | 2019/6/10 | 2019.06.10 |

首先强调一下"2019.05.06"的日期格式是不规范的，在使用筛选功能时，这类日期格式无法按照年月日自动分组。

所以下面的方法，并不是把单元格内容改成"2019.05.06"格式，而是把"2019/5/6"的日期显示成"2019.05.06"格式，具体操作如下。

**1** 选中 A2:A6 单元格区域，按快捷键 Ctrl+1，调出【设置单元格格式】对话框。

**2** 在【数字】选项卡下方的【分类】中选中【自定义】选项，在【类型】编辑框中输入"yyyy.m.d"（不包含双引号）。

**3** 单击【确定】按钮，完成格式转换。

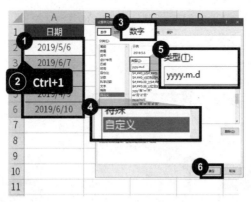

在本例中，利用单元格格式设置完成日期格式转换，yyyy.mm.dd 格式中"yyyy"表示以 4 位数值形式显示年，"mm"表示月，"dd"表示天。

因为只是把样式显示成了"2019.05.06"的格式，所以在筛选的时候，依然可以自动按照年月日分组。

# 03 输入日期 1.10，结果自动变成 1.1，怎么办

当日期为 1 月 10 日时，按照习惯在单元格中输入 1.10，按 Enter 键后却显示成了 1.1。如何能够正确地输入"1.10"格式的日期？

在单元格中输入 1.10，Excel 会将其默认为一个带有小数的数字，而小数部分最后面的 0 是没有意义的，所以会自动舍去，变成 1.1。

解决这个问题的方法就是告诉 Excel 这个值是一个文本，而不是数字，具体操作如下。

▌1 选择 A2:A5 单元格区域。

▌2 在【开始】选项卡的功能区中将单元格的格式设置为文本。

▌3 重新输入 1.10 就可以了。

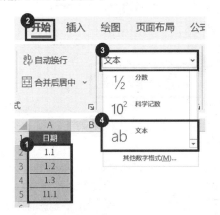

设置文本格式后，"1.20""1.30"的格式也能正常显示了。

# 04 日期都变成了 ###，怎么办

表格里的日期经常会出现乱码，输入日期之后变成了 ###。怎么解决这个问题，使其变成正常的日期格式呢？

导致出现这个问题的原因通常有两种，处理方式也稍有不同。

## 1. 单元格太窄

最常见的原因，一般是由于单元格太窄了，加宽单元格即可，具体操作如下。

将鼠标指针放在日期列与右侧列的列号间隔上，待指针变为双向拖动的箭头形状时，双击鼠标，或按住鼠标左键向右拖曳，把日期列的列宽调大一点即可。

## 2. 日期是"20210130"格式

"20210130"格式的日期，本质上是一个 8 位的数字，如果把这个日期设置成了"日期"格式，也会导致出现 ### 错误。

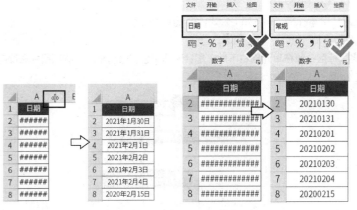

解决方法就是把单元格格式设置为"常规"格式即可。

# 9.2 日期时间计算

把日期转换成正确的日期格式之后，接下来就可以借助 Excel 的函数公式来完成日期时间的计算了。本节会通过工龄、周别、时间差、日期推算等多个案例，讲解工作中常见的日期时间计算问题。

## 01 根据入职日期计算工龄

在工作中经常需要根据入职日期计算工龄，有时候我们需要精确到年，有时候需要保留小数位，具体该怎么计算呢？

| | A | B | C | D | E |
|---|---|---|---|---|---|
| 1 | 序号 | 姓名 | 入职日期 | 工龄(年) | 工龄(年1位小数) |
| 2 | 1 | 李香薇 | 2016/5/6 | 4 | 4.9 |
| 3 | 2 | 魏 | | 3 | 3.1 |
| 4 | 3 | 钱 | | 6 | 6.8 |
| 5 | 4 | 华宛海 | 2019/10/30 | 1 | 1.4 |
| 6 | 5 | 冯显 | 2020/2/1 | 1 | 1.2 |

计算工龄

这里可以利用 Excel 的隐藏函数 DATEDIF 来实现。DATEDIF 函数用来计算开始日期和结束日期之间的日期差；同时在第 3 个参数 unit 中，可以设置日期差的单位，比如相差的年数，相差的月数等。DATEDIF 函数的介绍可参见第 8 章。

明白了 DATEDIF 函数的用法之后，接下来看看不同精确度的工龄如何计算。

### 1. 工龄精确到年

**1** 选中 D2 单元格，输入如下公式，按 Enter 键。

=DATEDIF(C2,TODAY(),"y")

**2** 将鼠标指针放在单元格右下角，指针变成黑色加号形状时，双击鼠标左键向下填充公式。

D2 | =DATEDIF(C2,TODAY(),"y")

| | A | B | C | D |
|---|---|---|---|---|
| 1 | 序号 | 姓名 | 入职日期 | 工龄(年) |
| 2 | 1 | 李香薇 | 2016/5/6 | 4 |
| 3 | 2 | 魏优优 | 2018/3/2 | 2 |
| 4 | 3 | 钱玉晶 | ③双击向下填充 | |
| 5 | 4 | 华宛海 | 2019/10/30 | 1 |
| 6 | 5 | 冯显 | 2020/2/1 | 1 |

公式中 DATEDIF 计算的是 C2 单元格"入职日期"和 TODAY() 返回的当前日期之间的日期差。因为日期单位是"年",所以第 3 个参数设置为 "y"。

### 2. 工龄精确到年,保留 1 位小数

**1** 选中 D2 单元格,输入如下公式,按 Enter 键。

=DATEDIF(C2,TODAY(),"m")/12

**2** 向下填充公式。

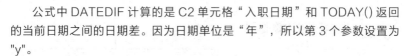

**3** 选择 D2:D6 单元格区域,在【开始】选项卡的功能区中单击几次【减少小数位】图标,保留 1 位小数即可。

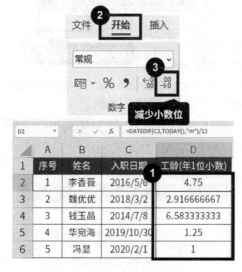

公式中 DATEDIF 函数的第 3 个参数设置为 "m",计算出相差的月数。用月数除以 12,得出相差年数,然后设置小数位数即可。

# 02 根据日期计算周别

制作周计划表时，需要根据日期计算这个日期是当年的第几周。

此时可以利用 WEEKNUM 函数实现，具体操作如下。

**1** 选中 B2 单元格，输入如下公式，按 Enter 键。

=WEEKNUM(A2,2)

**2** 向下填充公式，即可批量计算。

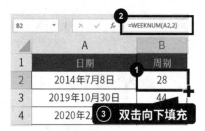

公式中 WEEKNUM 函数用来计算 A2 单元格中日期的周别。第 2 个参数表时每周从周几开始，设置为 2 表示从周一开始。

对比一下 WEEKNUM 函数的参数，这个公式理解起来更容易。

## WEEKNUM函数

返回指定日期对应的周别。

| WEEKNUM( serial_number, [return_type]) | |
|---|---|
| serial_number | 要计算周别的日期。 |
| return_type | 一个数字，确定一周从哪一天开始。默认值为 1，表示从星期日开始，2表示从星期一开始。 |

# 03 计算两个时刻之间相差几个小时

在处理考勤表的时候，往往需要计算出勤工时，要计算两个时间之间相差几个小时。

| | A | B | C | D |
|---|---|---|---|---|
| 1 | 姓名 | 上班时间 | 下班时间 | 出勤工时（小时） |
| 2 | 李香薇 | 2021/1/9 8:00 | 2021/1/10 17:30 | 33.5 |
| 3 | 魏优优 | 2021/1/10 9:30 | 2021/1/10 16:13 | |
| 4 | 钱玉晶 | 2021/1/10 8:10 | 2021/1/10 17:15 | |

出勤工时计算起来非常简单，用"下班时间"-"上班时间"即可。但是需要一些时间单位的换算，来看看具体的操作。

1 选中 D2 单元格，输入如下公式，按 Enter 键。

=(C2-B2)*24

2 向下填充公式，即可批量计算。

| | A | B | C | D |
|---|---|---|---|---|
| 1 | 姓名 | 上班时间 | 下班时间 | 出勤工时（小时） |
| 2 | 李香薇 | 2021/1/9 8:00 | 2021/1/10 17:30 | 33.5 |
| 3 | 魏优优 | 2021/1/10 9: | 时间差 | 3 | 6.7 |
| 4 | 钱玉晶 | 2021/1/10 8: | | 5 | 9.1 |

公式中 C2-B2 就是"下班时间"-"上班时间"，计算结果代表代表"天数"，将天数差乘以 24 即可得到对应的"小时数"。

# 04 如何把小时和分钟分出来

当遇到一个带日期的时间，如 2021/2/14 22:21:30，如何将小时、分钟和秒分别提取到不同的单元格中呢？

| | A | B | C | D | E |
|---|---|---|---|---|---|
| 1 | 日期 | 时间 | 小时 | 分钟 | 秒 |
| 2 | 2021/2/14 22:21:30 | 22:21:30 | 22 | 21 | 30 |

提取小时、分钟、秒

可以利用 HOUR、MINUTE 和 SECOND 函数进行提取，具体操作如下。

选中 C2 单元格，输入如下公式，按 Enter 键。

=HOUR(A2)

HOUR 函数用来提取时间中的"小时数"，类似的，使用公式 MINUTE 和 SECOND 函数，可以分别把时间中的分钟和秒数提取出来，公式如下。

=MINUTE(A2)

=SECOND(A2)

# 05 把日期和时间合并成一列

如果需要将单独的"日期"和"时间"合并至一个单元格，应该如何写公式呢？

| | A | B | C |
|---|---|---|---|
| 1 | 日期 | 时间 | 日期时间 |
| 2 | 2020/12/15 | 8:00:00 | 2020/12/15 8:00 |
| 3 | 2021/1/3 | 19:00:00 | 2021/1/3 19:00 |
| 4 | 20 **日期时间合并** | | 2021/2/5 0:30 |

1️⃣ 选中 C2 单元格，输入如下公式，按 Enter 键。

=A2+B2

2️⃣ 向下填充公式即可。

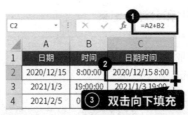

3️⃣ 选择 C2:C4 单元格区域，按快捷键 Ctrl+1，打开【设置单元格格式】对话框。

4️⃣ 选择【数字】选项卡，在【分类】中单击【日期】，选中【2012/3/14 13:30】，单击【确定】按钮。

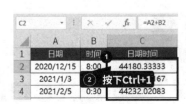

设置完成后，日期和时间就合并完成了。

| | A | B | C |
|---|---|---|---|
| 1 | 日期 | 时间 | 日期时间 |
| 2 | 2020/12/15 | 8:00 | 2020/12/15 8:00 |
| 3 | 2021/1/3 | 19:00 | 2021/1/3 19:00 |
| 4 | 2021/2/5 | 0:30 | 2021/2/5 0:30 |

因为日期和时间本质上都是数字，日期是数字中的整数部分，时间是小数部分，所以直接相加就可以完成合并。

# 和秋叶一起学
## 秒懂 Excel

## ≫ 第 10 章 ≪
## 数据的查询与核对

　　说到函数公式，大部分人应该都会想到 VLOOKUP 函数，因为这个函数在 Excel 中的使用频率太高了！

　　VLOOKUP 是一个查询函数，主要用来查询和核对数据。因为 VLOOKUP 的参数非常多，每个参数又可以拓展多个用法，所以学习起来也有一定的难度。

　　其实 Excel 中的数据查询与核对的方法、技巧有很多，不一定全部用 VLOOKUP，可能只是一个快捷键或者一个命令就能完成查询需求。

　　本章从简单实用的功能、技巧讲起，再到 VLOOKUP 函数的基础知识和实战用法，带你全面学习 Excel 中查询、核对数据的方法。

# 10.1 数据核对技巧

本节内容主要讲解几个简单好用的数据核对小技巧，掌握之后在核对数据时，按几下快捷键、单击按钮就可搞定。

## 01 快速对比两列数据，找出差异的内容

两列顺序相同的数据，想要快速找出差异的单元格，可以使用定位功能快速实现。

在下图所示的销售业绩表中，"系统数据"列和"手工数据"列存在差异，需要快速地核对并找出两列中的差异值，并标记颜色，具体操作如下。

**1** 选中 B3:C7 单元格区域。

**2** 按快捷键 Ctrl+G，打开【定位】对话框，单击【定位条件】按钮，选择【行内容差异单元格】选项，单击【确定】按钮。

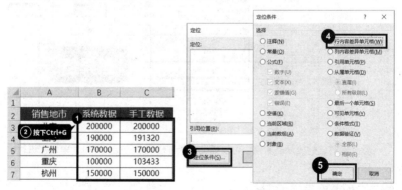

**3** 在【开始】选项卡的功能区中单击【填充颜色】图标，给单元格填充颜色。

## 02 对比两个表格，找出差异的内容

报表做好之后通常需要发给领导审核，领导审核后做了调整又发了回来，这时候如何和原来的表格对比，找出两个表格差异的部分？

想要核对这种复杂的表格，可以借助【条件格式】功能，对每个单元格进行比较，具体操作如下。

1️⃣ 选中 A1:K14 单元格区域。

2️⃣ 在【开始】选项卡的功能区中单击【条件格式】图标，选择【新建规则】命令。

**3** 弹出【编辑格式规则】对话框，在【选择规则类型】列表框中选择【使用公式确定要设置格式的单元格】，在【为符合此公式的值设置格式】下方的编辑框中输入公式。

**4** 单击【格式】按钮，打开【设置单元格格式】对话框。

**5** 单击【填充】选项卡，选择喜欢的颜色，单击【确定】按钮。

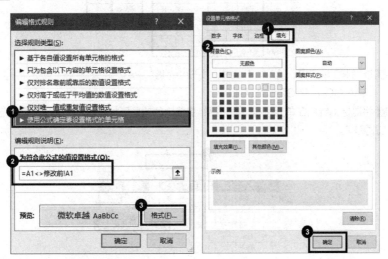

第 4 步中设置的公式如下：

=A1<> 修改前 !A1

公式中的"<>"表示不等于，将当前工作表和"修改前"表的 A1 单元格内容进行对比，如果不相等，则按照第 4 步的样式，突出标记单元格。

# 10.2 数据核对公式

小技巧可以解决简单的核对问题，对于复杂的查询核对需求，还是要借助"万金油"函数 VLOOKUP 来完成。本节将通过 5 个工作中常见的问题，深入讲解 VLOOKUP 的用法。

## 01 使用 VLOOKUP 函数查询数据

会用 VLOOKUP 函数是职场必备的技能。本例中按照"姓名"查找员工"年龄"，并把结果填写到 H 列中，就可以用 VLOOKUP 来实现。

**1** 选中 H2 单元格，输入如下公式，按 Enter 键。

　　=VLOOKUP(G2,B1:E7,4,0)

**2** 将鼠标指针放在单元格右下角，指针变成黑色加号形状时，双击鼠标左键填充公式即可。

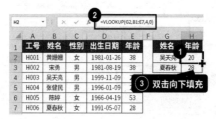

VLOOKUP 函数本身的结构并不复杂，难的是对每个参数的理解，下面是 VLOOKUP 函数的参数结构。

# VLOOKUP函数

在指定的数据区域中查找符合条件的数据，并由此返回数据区域当前行中指定列处的数值。

| VLOOKUP(lookup_value,table_array,col_index_num,range_lookup) | |
| --- | --- |
| lookup_value | 要查找的值。 |
| table_array | 查找的数据区域。 |
| col_index_num | 查找到数据后，要返回当前行中右侧指定的列处的数值。 |
| range_lookup | 精确匹配或近似匹配可以为 0/FALSE 或 1/TRUE。 |

对比着前面的表格，来看参数更容易理解一些。

VLOOKUP 函数的 4 个参数含义分别如下。

- lookup_value：要查找的值。也就是图中❶姓名，对应公式中 G2 单元格"吴天亮"。

- table_array：查找的数据区域。也就是图中❷的数据区域，对应图中的 B1:E7 单元格区域。

这个区域必须包含查找列"姓名"和返回列"年龄"。

- col_index_num：返回第几列的值。图中要返回的是"年龄"，在参数 2 数据区域 B1:E7 中，"姓名"是第 1 列，那么从左往右数"年龄"就是第 4 列，所以这个参数设置为 4。

- range_lookup：匹配方式，即怎么匹配。有精确匹配 FALSE/0 和模糊匹配 TRUE/1 两种匹配方式，通常 90% 的情况下使用 FALSE 或 0。

VLOOKUP 的每个参数都有一些易错的地方，需要再特别强调一下。

- 参数 1（查找值）和参数 2 中查找列的格式、实际内容必须一致，否则查询出错。

- 参数 2：选择查找区域时，查找值要位于查找区域的第 1 列。在查找区域中，"返回列"必须在"查找列"的右侧。

- 参数 3：返回列必须介于 1 和"查找区域"总列数之间。

# 02 用 VLOOKUP 函数找出名单中缺失的人名

工作中经常遇到核对人员名单的场景。如下图所示，要核对表 2 中有哪些人员在表 1 没有统计。

此时用 VLOOKUP 函数可以快速查找出来，具体操作如下。

**1** 选中 D3 单元格，输入如下公式，按 Enter 键。

=VLOOKUP(C3,$A$3:$A$11,1,0)

**2** 将鼠标指针放在单元格右下角，指针变成黑色加号形状时，双击鼠标左键向下填充公式。

**3** 这时 D 列出现一些错误值 #N/A，对应的 C 列的名字就是我们要找的缺失的名字。

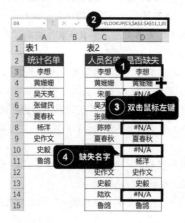

VLOOKUP 查找不到数据时，会返回错误值 #N/A，通过筛选 #N/A 就可以把缺失的姓名准确地找出来了。

# 03 用 VLOOKUP 函数核对两个数据顺序不一样的表格

核对表格数据时，最让人头疼的情况就是两份报表中数据的顺序不一样。

比如本例中表1和表2"销售地市"列中城市的排列顺序不一致，如何核对"销售额"的差异？

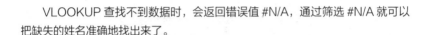

可以用 VLOOKUP 函数把两个表格"销售地市"列中城市的排列顺序整理成一致的，然后再核对。

先整理数据顺序，在表 2 中添加一个辅助列，把表 1 中对应"销售地市"的数据匹配到辅助列中。具体操作如下。

**1** 选中 F3 单元格，输入如下公式，并向下填充公式。

=VLOOKUP(D3,$A$3:$B$7,2,0)

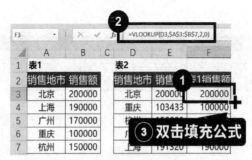

下面添加辅助列，计算表 1 和表 2 的销售额差异。

**2** 选中 G3 单元格，输入如下公式，向下填充公式。

=E3-F3

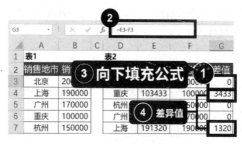

公式中 E3 是表 2 的销售额，F3 是用 VLOOKUP 查询得到的表 1 的数据，两个数据相减之后，如果不为 0，则表示两个数据不一致。

# 04 VLOOKUP 函数查找失败的常见原因有哪些

VLOOKUP 函数学习起来简单，但实际工作中使用 VLOOKUP 函数的时候，总是会出现各种错误，让人非常苦恼。

VLOOKUP 有 4 种常见错误，明白了这 4 种错误，基本上可以应对大部分查询的需求了。我们来逐一学习一下。

## 1. #NAME?：函数名称错误

#NAME? 表示函数名称错误。通常是因为函数名称中拼写错误，或者公式中使用了中文符号，导致 Excel 无法识别公式。

下图中 E2 和 E3 单元格，因为 VLOOKUP 函数拼写错误，产生了 #NAME? 错误。

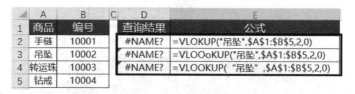

E4 单元格中的公式，因为双引号是中文格式双引号，导致了错误。

## 2. #N/A：查找失败错误

#N/A 表示在查找区域内找不到和查询值相匹配的数据。

VLOOKUP 不匹配的原因，又可以分成很多种，如下图所示的表格，大致可以分为下面几种。

| | A | B | C | D | E |
|---|---|---|---|---|---|
| 1 | 商品 | 编号 | | 查询结果 | 公式 |
| 2 | 手链 | 10001 | | #N/A | =VLOOKUP("手机",$A$1:$B$6,2,0) |
| 3 | 吊坠 | 10002 | | #N/A | =VLOOKUP("吊坠",$B$1:$B$6,1,0) |
| 4 | 转运珠 | 10003 | | #N/A | =VLOOKUP(1001,$A$1:$B$6,2,0) |
| 5 | 钻戒 | 10004 | | #N/A | =VLOOKUP(857,$A$1:$B$6,2,0) |
| 6 | 857 | 1005 | | | |

• 查找值不存在。E2 单元格的公式，是在 $A$1:$B$6 区域中查找"手机"，而这个区域根本就没有"手机"，所以返回 #N/A。

• 查找区域选区错误。E3 单元格的公式，第 2 个参数的区域是 $B$1:$B$6，该区域中不包含"吊坠"，导致查找错误。

• 查找值不在查找区域首列。E4 单元格的公式，是在 $A$1:$B$6 区域中查找"10001"，VLOOKUP 只能查找区域的首列，也就是在 A 列中查找，而"10001"却在第 2 列，所以返回了 #N/A。

• 数据不规范，格式不一致。E5 单元格的公式，是在 $A$1:$B$6 区域中查找"857"，但是因为 A6 单元格中的 857 是文本格式，而公式中查找的是"数字格式"，所以匹配失败，出现了 #N/A。

### 3. #REF!：引用错误

出现 #REF! 错误，通常是因为函数中引用的位置被删除，或者返回的列值超过查询区域最大列导致的。

比如下图所示的表格中 E2 单元格的公式。在 $A$1:$B$6 区域查找"吊坠"，并返回查找区域第 3 列的数据，但是 $A$1:$B$6 区域总共只有 2 列，返回列超出了查找的范围，所以返回了 #REF!。

E3 单元格中的公式，因为删除列的原因，导致原本参数 1 中的查找值变成 #REF!，所以公式也返回了 #REF!。

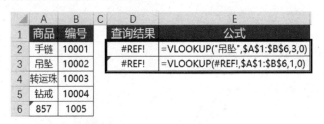

| | A | B | C | D | E |
|---|---|---|---|---|---|
| 1 | 商品 | 编号 | | 查询结果 | 公式 |
| 2 | 手链 | 10001 | | #REF! | =VLOOKUP("吊坠",$A$1:$B$6,3,0) |
| 3 | 吊坠 | 10002 | | #REF! | =VLOOKUP(#REF!,$A$1:$B$6,1,0) |
| 4 | 转运珠 | 10003 | | | |
| 5 | 钻戒 | 10004 | | | |
| 6 | 857 | 1005 | | | |

### 4. #VALUE!：值错误

出现 #VALUE! 错误，通常是因为公式中引用了错误参数或数值。

如下图所示的表格中，E2 单元格中的公式返回列是 0，而 VLOOKUP 函数

的返回列必须是 >0 的数字，所以返回了 #VALUE!。

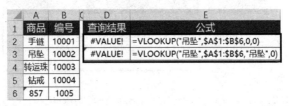

| | A | B | C | D | E |
|---|---|---|---|---|---|
| 1 | 商品 | 编号 | | 查询结果 | 公式 |
| 2 | 手链 | 10001 | | #VALUE! | =VLOOKUP("吊坠",$A$1:$B$6,0,0) |
| 3 | 吊坠 | 10002 | | #VALUE! | =VLOOKUP("吊坠",$A$1:$B$6,"吊坠",0) |
| 4 | 转运珠 | 10003 | | | |
| 5 | 钻戒 | 10004 | | | |
| 6 | 857 | 1005 | | | |

在 E3 单元格中，返回列是一个文本而不是数字，导致 VLOOKUP 函数报错。

# 和秋叶一起学
## 秒懂 Excel

## » 第 11 章 «
## 用条件格式自动标记

你有没有想过，把小于目标的不合格数据标记出来？你有没有想过，把已经过期的合同标记出来？你有没有想过，把销售业绩的前 10 项标记出来？

这些需求条件格式都可以帮你自动完成，而且标记的样式会随着数据变化而自动更新。

本章内容基于条件格式功能，列举了大量使用数据自动标记的应用场景，让你的表格变得更智能。

# 11.1 条件格式基础

Excel 中内置了很多实用的条件格式功能，比如标记重复值，把数据转换成对应大小的数据条等。这一节我们从这些基础的功能开始，打开条件格式的大门。

## 01 什么是条件格式，如何使用

条件格式，就是"有条件"地设置单元格格式，是 Excel 中一个可以自动标记数据的功能。

在【开始】选项卡的功能区中单击【条件格式】图标，就可以使用。

这里的"条件"可以是 Excel 内置的一些规则，比如【突出显示单元格规则】【最前 / 最后规则】【数据条】【色阶】等。

也可以通过【新建规则】命令，自定义一些"条件"。

### 1. 突出显示单元格规则

条件格式中的【突出显示单元格规则】命令，可以进行简单的逻辑判断如"等

于""大于""小于""包含"等，标记符合条件的数据。

比如，要在表格中标记重复值，就可以这样来实现，具体操作如下。

**1** 选择要标记重复值的 A2:A6 单元格区域。

**2** 单击【条件格式】图标，在弹出的菜单中选择【突出显示单元格规则】中的【重复值】命令。

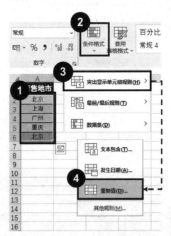

**3** 弹出【重复值】对话框，单击左侧的下拉按钮，选择【重复】命令；单击右侧的下拉按钮，选择【浅红填充色深红色文本】命令；单击【确定】按钮完成设置。

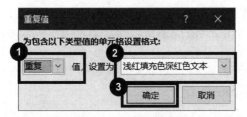

设置完成后，表格中的重复值就会自动标记出来。

### 2. 最前 / 最后规则

如果找出数据前 N 项或者后 N 项，则需要使用条件格式中的【最前 / 最后规则】命令。

比如下图所示的表格中，要标记出前 3 项的数据，具体操作如下。

**1** 选择 B2:B6 单元格区域。

**2** 单击【条件格式】图标，在弹出的菜单中选择【最前 / 最后规则】中的【前 10 项】命令。

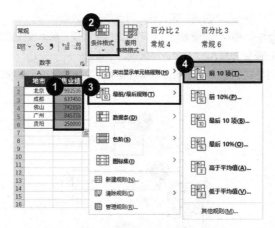

③ 弹出【前 10 项】对话框，在左侧的编辑框中输入数字"3"；单击右侧的下拉按钮，选择【浅红填充色深红色文本】命令；单击【确定】按钮完成设置。

### 3. 图标集

另外使用条件格式中的【图标集】功能，可以将数字变成对应的可视化图标，让数据更直观。

比如下图所示的表格中，使用不同的箭头表示数据增幅变化的方向，非常直观。具体操作如下。

| | A | B |
|---|---|---|
| 1 | 地市 | 同比增长 |
| 2 | 北京 | -5.18% |
| 3 | 成都 | -47.21% |
| 4 | 南京 | 27.32% |
| 5 | 广州 | -51.07% |
| 6 | 拉萨 | 0.00% |

| | A | B |
|---|---|---|
| 1 | 地市 | 同比增长 |
| 2 | 北京 | ⬇ -5.18% |
| 3 | 成都 | ⬇ -47.21% |
| 4 | 南京 | ⬆ 27.32% |
| 5 | 广州 | ⬇ -51.07% |
| 6 | 拉萨 | ➡ 0.00% |

① 选择 B2:B6 单元格区域。

② 单击【条件格式】图标，在弹出的菜单中选择【图标集】命令，单击任意一个喜欢的样式图标即可完成设置。

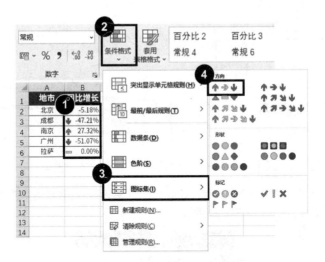

# 02 把前 10 项的数据标记出来

在统计分析销售业绩、员工绩效时，经常需要统计出排前几名的数据。可以使用条件格式功能来实现。

比如下图所示的表格中，要把销售业绩前 10 名的数据标记出来，具体操作如下。

| | A | B |
|---|---|---|
| 1 | 地市 | 销售业绩 |
| 2 | 北京 | 992536 |
| 3 | 成都 | 637450 |
| 4 | 佛山 | 742159 |
| 5 | 广州 | 845776 |
| 6 | 贵阳 | 250000 |
| 7 | 杭州 | 938746 |
| 8 | 昆明 | 435850 |
| 9 | 南京 | 634354 |
| 10 | 上海 | 960367 |

➡

| | A | B |
|---|---|---|
| 1 | 地市 | 销售业绩 |
| 2 | 北京 | 992536 |
| 3 | 成都 | 637450 |
| 4 | 佛山 | 742159 |
| 5 | 广州 | 845776 |
| 6 | 贵阳 | 250000 |
| 7 | 杭州 | 938746 |
| 8 | 昆明 | 435850 |
| 9 | 南京 | 634354 |
| 10 | 上海 | 960367 |

**1** 选择 B2:B10 单元格区域。

**2** 在【开始】选项卡的功能区中单击【条件格式】图标→【最前 / 最后规则】→【前 10 项】命令。

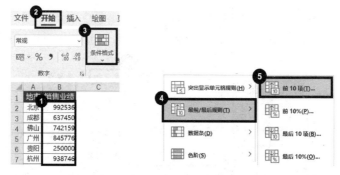

**3** 弹出【前 10 项】对话框，输入数字"10"，并设置为【浅红填充色深红色文本】，单击【确定】按钮完成设置。

这样，前 10 名的数据就被快速标记出来了。

# 03 如何把数字变成数据条的样式

数据条能够直观地表达数值间的大小差异、增减状况、排名、项目进展、目标完成率等。

使用条件格式中的【数据条】命令可以实现下图所示的效果，非常简单！

| | A | B | C |
|---|---|---|---|
| 1 | 地市 | 销售目标 | 完成率 |
| 2 | 北京 | 1200000 | 82.71% |
| 3 | 成都 | 1000000 | 63.75% |
| 4 | 佛山 | 1000000 | 74.22% |
| 5 | 广州 | 1200000 | 70.48% |
| 6 | 贵阳 | 500000 | 50.00% |
| 7 | 杭州 | 1200000 | 78.23% |
| 8 | 拉萨 | 500000 | 30.00% |
| 9 | 南京 | 800000 | 79.29% |
| 10 | 乌鲁木齐 | 500000 | 40.00% |
| 11 | 深圳 | 1000000 | 97.17% |

**1** 选择 C2:C11 单元格区域。

**2** 在【开始】选项卡的功能区中单击【条件格式】图标→【数据条】命令，单击喜欢的数据条样式即可完成设置。

**3** 把列宽调整到合适的宽度，让数据条更好看一些。

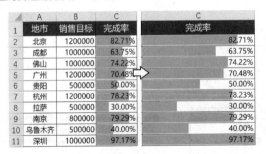

| | A | B | C | | C |
|---|---|---|---|---|---|
| 1 | 地市 | 销售目标 | 完成率 | | 完成率 |
| 2 | 北京 | 1200000 | 82.71% | | 82.71% |
| 3 | 成都 | 1000000 | 63.75% | | 63.75% |
| 4 | 佛山 | 1000000 | 74.22% | | 74.22% |
| 5 | 广州 | 1200000 | 70.48% | | 70.48% |
| 6 | 贵阳 | 500000 | 50.00% | | 50.00% |
| 7 | 杭州 | 1200000 | 78.23% | | 78.23% |
| 8 | 拉萨 | 500000 | 30.00% | | 30.00% |
| 9 | 南京 | 800000 | 79.29% | | 79.29% |
| 10 | 乌鲁木齐 | 500000 | 40.00% | | 40.00% |
| 11 | 深圳 | 1000000 | 97.17% | | 97.17% |

# 11.2 数据自动标记

条件格式的高级用法，是能够根据需求自定义标记的规则，这个规则有时需要通过函数公式来实现。

本节将通过几个工作中常见数据标记需求，解锁条件格式的高级用法。

# 01 把大于 0 的单元格自动标记出来

表格中的数据是各地市费用较去年同比增长比例，但是数字非常多，不容易一眼看出上升或下降趋势，如果使用条件格式中的【突出显示单元格规则】命令，把大于"0"的数字标记出来，数据对比会更直观，具体操作如下。

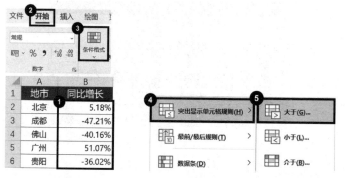

**1** 选择 B2:B10 单元格区域。

**2** 在【开始】选项卡的功能区中单击【条件格式】图标→【突出显示单元格规则】→【大于】命令。

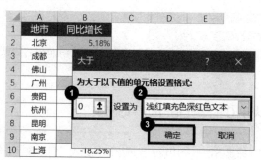

**3** 弹出【大于】对话框，输入数字"0"，并设置为【浅红填充色深红色文本】，单击【确定】按钮完成设置即可。

# 02 把小于今天日期的单元格标记出来

　　工作中经常会有一些有效期管理的需求，比如下面的合同管理表，需要检查销售合同是否已经过期，并即时提醒客户续约。

　　如果可以把小于今天（以 2021/3/2 为例）日期的单元格标记出来，核对起来会非常直观。

| | A | B | C |
|---|---|---|---|
| 1 | 合同编号 | 合同开始日期 | 合同到期日期 |
| 2 | 660010343 | 2019-12-21 | 2020-12-21 |
| 3 | 660010354 | 2020-01-23 | 2021-01-23 |
| 4 | 660010454 | 2020-04-03 | 2021-04-03 |
| 5 | 660022890 | 标记过期 | 2021-12-23 |
| 6 | 660022338 | 2019-03-09 | 2020-03-09 |
| 7 | 660020340 | 2020-02-28 | 2021-02-28 |
| 8 | 660020177 | 2020-09-12 | 2021-09-12 |
| 9 | 660021299 | 2019-10-01 | 2020-10-01 |
| 10 | 660025992 | 2020-05-03 | 2021-05-03 |

　　使用条件格式中的【突出显示单元格规则】命令，可以实现这个效果，具体操作如下。

1️⃣ 选择 C2:C10 单元格区域。

2️⃣ 在【开始】选项卡的功能区中单击【条件格式】图标→【突出显示单元格规则】→【小于】命令。

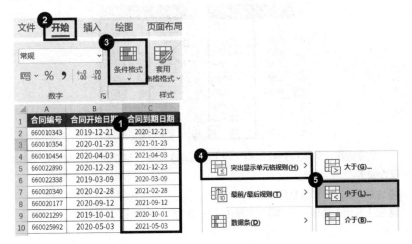

**3** 弹出【小于】对话框，输入公式，并设置为【浅红填充色深红色文本】，单击【确定】按钮完成设置。

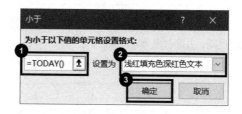

=TODAY()

　　TODAY 函数用来获取当前的日期，设置好条件格式后 Excel 会将 C2:C10 单元格区域中的每个日期和当前日期进行对比，如果小于当前日期，则按指定样式进行标记。

# 03 如何为大于 0 的数据添加向上箭头，否则添加向下箭头

　　表格中的数据在呈现数据趋势时不够直观，在数字旁边添加上箭头图标，可以瞬间让数字变得非常直观。

　　如下图所示，给同比增长大于 0 的单元格添加向上箭头，给等于 0 的单元格添加横线，给小于 0 的单元格添加向下箭头，数据就非常直观了。

| | A | B |
|---|---|---|
| 1 | 地市 | 同比增长 |
| 2 | 北京 | -5.18% |
| 3 | 成都 | -47.21% |
| 4 | 佛山 | -40.16% |
| 5 | 广州 | -51.07% |
| 6 | 拉萨 | 0.00% |
| 7 | 杭州 | -0.50% |
| 8 | 昆明 | -77.36% |
| 9 | 南京 | 27.32% |
| 10 | 上海 | -18.25% |

| | A | B |
|---|---|---|
| 1 | 地市 | 同比增长 |
| 2 | 北京 | ↓ -5.18% |
| 3 | 成都 | ↓ -47.21% |
| 4 | 佛山 | ↓ -40.16% |
| 5 | 广州 | ↓ -51.07% |
| 6 | 拉萨 | ― 0.00% |
| 7 | 杭州 | ↓ -0.50% |
| 8 | 昆明 | ↓ -77.36% |
| 9 | 南京 | ↑ 27.32% |
| 10 | 上海 | ↓ -18.25% |

　　这个效果使用条件格式功能中的【图标集】命令，可以很方便地实现，具体操作如下。

**1** 选择 B2:B10 单元格区域。

**2** 在【开始】选项卡的功能区中单击【条件格式】图标→【新建规则】命令。

**3** 弹出【新建格式规则】对话框,在【选择规则类型】列表框中选择【基于各自值设置所有单元格的格式】命令。

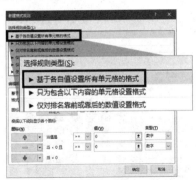

**4** 单击【格式样式】右侧的下拉按钮,选择【图标集】命令,单击【图标样式】右侧的下拉按钮,选择三向箭头命令。

⑤ 在【根据以下规则显示各个图标】选项中，单击【类型】下方的下拉按钮，选择【数字】，在【值】下方的编辑框中输入数字"0"。在【值】左侧的判断规则中，单击下拉按钮，上下两个选项分别选择【>】和【>=】。

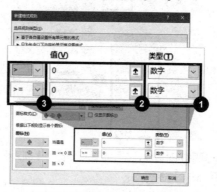

⑥ 在规则第2行的【图标】选项中，单击下拉按钮，选择黄色侧箭头，最后单击【确定】按钮完成设置。

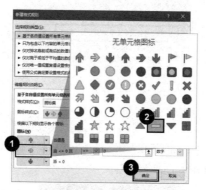

　　设置完成后，大于"0"的数据添加了绿色向上箭头，小于"0"的数据添加了红色向下箭头，等于"0"的数据会添加黄色侧箭头。

| | A | B |
|---|---|---|
| 1 | 地市 | 同比增长 |
| 2 | 北京 | ↓ -5.18% |
| 3 | 成都 | ↓ -47.21% |
| 4 | 佛山 | ↓ -40.16% |
| 5 | 广州 | ↓ -51.07% |
| 6 | 拉萨 | ═ 0.00% |
| 7 | 杭州 | ↓ -0.50% |
| 8 | 昆明 | ↓ -77.36% |
| 9 | 南京 | ↑ 27.32% |
| 10 | 上海 | ↓ -18.25% |

# 04 如何设置符合条件的整行都标记颜色

表格中不同状态的数据，标记成不同的颜色可以更容易区分。比如下图所示，使用条件格式功能把状态为"完成"的整行数据标记颜色后，数据核对非常方便。

| | A | B | C | D | E |
|---|---|---|---|---|---|
| 1 | 地市 | 状态 | 1月 | 2月 | 3月 |
| 2 | 北京 | 跟进 | 42025 | 57245 | 69279 |
| 3 | 成都 | 完成 | 84253 | 12822 | 44102 |
| 4 | 佛山 | 完成 | 48713 | 96038 | 36688 |
| 5 | 广州 | 跟进 | 27150 | 45083 | 40017 |
| 6 | 贵阳 | 完成 | 23378 | 62057 | 81401 |
| 7 | 杭州 | 跟进 | 61127 | 50481 | 77790 |
| 8 | 昆明 | 完成 | 95470 | 38763 | 45851 |
| 9 | 南京 | 跟进 | 46198 | 90728 | 73699 |
| 10 | 上海 | 跟进 | 32805 | 78096 | 49359 |

具体操作如下。

**1** 选择 A2:E10 单元格区域。

**2** 在【开始】选项卡的功能区中单击【条件格式】图标，在弹出的菜单中选择【新建规则】命令。

**3** 弹出【编辑格式规则】对话框，在【选择规则类型】列表框中单击【使用公式确定要设置格式的单元格】命令，在【为符合此公式的值设置格式】下方的编辑框中输入公式，单击【格式】按钮。

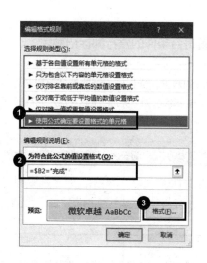

公式如下：

=$B2=" 完成 "

**4** 弹出【设置单元格格式】对话框，设置【背景色】为绿色，最后单击【确定】按钮完成设置。

案例中条件格式的判断规则由下面的公式来实现。

=$B2=" 完成 "

公式的作用是根据 B2 单元格是否等于"完成"，来给单元格标记样式。

因为每一列都是要按照 B 列来判断的，所以需要锁定 B 列，把单元格的引用从 B2 变成 $B2，避免公式计算过程中因为引用位置发生偏移导致错误。